湖南种植结构调整暨产业扶贫实用技术丛书

稻渔综合种养技术

daoyuzonghe
zhongyangjishu

主　　编：王冬武

副 主 编：何志刚　刘　丽

编写人员：何志刚　李金龙　邹　利　邓时铭

　　　　　徐永福　刘　丽　巩养仓

湖南科学技术出版社

《湖南种植结构调整暨产业扶贫实用技术丛书》
编写委员会

重农固本是安民之基、治国之要。党的"十八大"以来，习近平总书记坚持把解决好"三农"问题作为全党工作的重中之重，不断推进"三农"工作理论创新、实践创新、制度创新，推动农业农村发展取得历史性成就。当前是全面建成小康社会的决胜期，是大力实施乡村振兴战略的爬坡阶段，是脱贫攻坚进入决战决胜的关键时期，如何通过推进种植结构调整和产业扶贫来实现农业更强、农村更美、农民更富，是摆在我们面前的重大课题。

湖南是农业大省，农作物常年播种面积 1.32 亿亩，水稻、油菜、柑橘、茶叶等产量位居全国前列。随着全省农业结构调整、污染耕地修复治理和产业扶贫工作的深入推进，部分耕地退出水稻生产，发展技术优、效益好、可持续的特色农业产业成为当务之急。但在实际生产中，由于部分农户对替代作物生产不甚了解，跟风种植、措施不当、效益不高等现象时有发生，有些模式难以达到预期效益，甚至出现亏损，影响了种植结构调整和产业扶贫的成效。

2014 年以来，在财政部、农业农村部等相关部委支持下，湖南省在长株潭地区实施种植结构调整试点。省委、省政府高度重视，高位部署，强力推动；地方各级政府高度负责、因地制宜、分类施策；有关专家广泛开展科学试验、分析总结、示范推广；新型农业经营主体和广大农民积极参与、密切配合、全力落实。在各级农业农村部门和新型农业经营主体的共同努力下，湖南省种植结构调整和产业扶贫工作取得了阶段性成效，集成了一批技术较为成熟、效益比较明显的产业发展模式，涌现了一批带动能力强、示范效果好的扶贫典型。

为系统总结成功模式，宣传推广典型经验，湖南省农业农村厅种植业管理处组织有关专家编撰了《湖南种植结构调整暨产业扶贫实用技术丛书》。丛书共 12 册，分别是《常绿果树栽培技术》《落叶果树栽培技术》《园林花卉栽培技术》《棉花轻简化栽培技术》《茶叶优质高效生产技术》《稻渔综合种养技术》《饲草生产与利用技术》《中药材栽培技术》《蔬菜高效生产技术》《西瓜甜瓜栽培技术》《麻类作物栽培利用新技术》《栽桑养蚕新技术》，每册配有关键技术挂图。丛书凝练了我省种植结构调整和产业扶贫的最新成果，具有较强的针对性、指导性和可操作性，希望全省农业农村系统干部、新型农业经营主体和广大农民朋友认真钻研、学习借鉴、从中获益，在优化种植结构调整、保障农产品质量安全，推进产业扶贫、实现乡村振兴中做出更大贡献。

丛书编委会

2020 年 1 月

目 录
Contents

第一章
稻渔综合种养概述

第二章
水稻品种的选择与栽培

第三章

稻田养殖虾蟹类实用技术

第四章

稻田养殖鲤鲫实用技术

第五章
稻田养殖鳝鳅实用技术

6

第六章

稻田养殖青蛙实用技术

第七章

稻田养殖龟鳖实用技术

8

第八章
稻渔综合种养案例分析

附录

稻渔综合种养技术规范（节选）

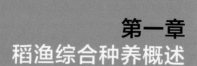

何志刚

中国有着悠久的稻田养鱼历史，稻渔综合种养是在传统的稻田养鱼模式的基础上逐步发展起来的生态循环农业模式，是农业绿色发展的有效途径。近年来，为适应产业转型升级需要，经过不断地技术创新、品种优化和模式探索，我国的稻渔综合种养产业走出了一条产业高效、产品安全、资源节约、环境友好的发展之路，形成了一个经济、生态和社会效益共赢的产业链，是值得下力气推广的农业技术模式。

第一节　种养历史概述

中国是最早开展稻田养鱼的国家。汉代时，在陕西和四川等地已普遍流行稻田养鱼，至今已有 2000 多年；唐昭宗年间（889—904 年），稻田养鱼的方式及作用就有了明确的记载。然而，直至新中国成立前，我国稻田养鱼基本上都处于自然发展状态，民国时期，有关单位开始进行稻田养鱼试验，并向农民开展技术指导，但由于多年战乱，稻田养鱼的规模发展受到了制约。

一、恢复发展阶段

新中国成立后，在党和政府的重视下，我国传统的稻田养鱼迅速得到恢复和发展。1953 年第三届全国水产会议号召试行稻田兼作鱼；1954 年第四届全国水产工作会议上，时任中共中央农村工作部部长邓子恢指出"稻田养鱼有利，要发展稻田养鱼"，正式提出了"鼓励渔农发展和提高稻田养鱼"的口号，全国各地稻田养鱼开始迅猛发展，1959 年全国稻田养鱼面积突破1000 万亩；此后 20 年，由于政治原因及家鱼人工繁殖技术未推广，鱼苗供应受限，加之农药的大量使用，使稻鱼共生发生了矛盾，导致一度兴旺的稻田养鱼急骤中落。20 世纪 70 年代末，政府逐步重视发展水产事业，又出现了联产承包制并普遍施行，加之稻种的改良和低毒农药的出现，为产业的发展注入了新的动力，稻田养鱼又进入了新的发展阶段。

二、技术体系建立阶段

1981 年中科院水生生物研究所副所长倪达书研究员提出了稻鱼共生理论并向中央致信建议推广稻田养鱼，得到了当时国家水产总局的重视。1983 年农牧渔业部在四川召开了全国第一次稻田养鱼经验交流现场会，鼓舞和推动全国稻田养鱼迅速恢复和进一步发展，稻田养鱼在全国得到了普遍推广。1984 年国家经委把稻田养鱼列入新技术开发项目，在北京、河北、湖北、湖南、广东、广西、陕西、四川、重庆、贵州、云南等 18 个省（市、自治区）广泛推广。1986 年全国稻田养鱼面积达 1038 万亩（1 亩≈ 667 米²），产鱼 9.8 万吨；1987 年达 1194 万亩，产鱼 10.6 万吨。1988 年中国农业科学院和中国水产科学研究院在江苏联合召开了"中国稻－鱼结合学术研讨会"，使稻田养鱼的理论有了新的发展，技术有了进一步完善和提高；1990 年农业部在重庆召开了全国第二次稻田养鱼经验交流会，总结经验和教训，提出指导思想和发展目标，并先后制定了全国稻田养鱼"八五"和"九五"规划。

三、快速发展阶段

1994 年农业部召开了第三次全国稻田养鱼（蟹）现场经验交流会，时任常务副部长吴亦侠出席了会议并作重要讲话，指出发展稻田养鱼不仅仅是一项新的生产技术措施，还是一项在农村具有综合效益的系统工程，既是抓

"米袋子"，又是抓"菜篮子"，也是抓群众的"钱夹子"，是一项一举多得、利国利民、振兴农村经济的重大举措，是一件具有长远战略意义的事情。同年12月，经国务院同意，农业部向全国农业、水产、水利部门印发了《关于加快发展稻田养鱼，促进粮食稳定增产和农民增收的意见》的通知。随后1996年4月和2000年8月农业部又召开了两次全国稻田养鱼现场经验交流会。2000年，我国稻田养鱼发展到2000多万亩，成为世界上最大的稻田养鱼国家，稻田养鱼作为农业稳粮、农民脱贫致富的重要措施，得到各级政府的重视和支持，有效地促进了稻田养鱼的发展。

四、转型升级阶段

进入21世纪，为克服传统的稻田养鱼模式品种单一、经营分散、规模较小、效益较低等问题，以适应新时期农业农村发展的要求，"稻田养鱼"推进到了"稻渔综合种养"的新阶段。稻渔综合种养指的是：通过对稻田实施工程化改造，构建稻渔共作轮作系统，通过规模开发、产业经营、标准生产、品牌运作，实现水稻稳产、水产品新增、经济效益提高、农药化肥施用量显著减少，是一种生态循环农业发展模式。"以渔促稻、稳粮增效、质量安全、生态环保"是这一新阶段的突出特征。

2007年"稻田生态养殖技术"被选入2008—2010年渔业科技入户主推技术。党的十七大以后，随着我国农村土地流转政策不断明确，农业产业化步伐加快，稻田规模经营成为可能。各地纷纷结合实际，探索了稻-鱼、稻-蟹、稻-虾、稻-蛙、稻-鳅和稻-龟鳖等新模式和新技术，并涌现出一大批以特种经济品种为主导，以标准化生产、规模化开发、产业化经营为特征的千亩甚至万亩连片的稻田综合种养典型，取得了显著的经济、社会、生态效益，得到了各地政府的高度重视和农民的积极响应。从20世纪末到2010年，随着效益农业的兴起，稻田养鱼由于比较效益较高被大力推广，为广大稻区农民的增收作出了重要的贡献。由于大面积开挖鱼坑、鱼沟，引起了不少人对水稻可持续发展的担忧，自2004年开始，面积出现下降，一

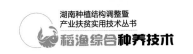

度从 2445 万亩下降到 2011 年的 1812 万亩。该时期尽管养殖面积下降，但由于养殖技术的进步，养殖产量仍稳定在 110 万吨以上。养殖单位产量从 2001 年的 37.04 千克/亩提高到了 2011 年的 66.22 千克/亩。

五、新一轮高效发展阶段

2011 年是近 20 年来稻渔综合种养面积的最低点，此后养殖面积止跌回升。2011 年，农业部渔业局将发展稻田综合种养列入了《全国渔业发展第十二个五年规划（2011—2015 年）》，作为渔业拓展的重点领域。2012 年起，农业部科技教育司连续两年，每年安排 200 万元专项经费用于"稻田综合种养技术集成与示范推广"专项，2012 年投入 1458 万元启动了公益性行业专项目"稻－渔"耦合养殖技术研究与示范。2013 年和 2016 年，全国水产技术推广总站、上海海洋大学、湖北省水产技术推广总站等单位承担的稻渔综合种养项目共获得农牧渔业丰收奖农业技术推广成果一等奖 3 次；2016 年，全国水产技术推广总站、上海海洋大学发起成立了中国稻渔综合种养产业技术创新战略联盟，成功打造了"政、产、学、研、推、用"六位一体的稻渔综合种养产业体系；2016—2018 年连续 3 年中央一号文件和相关规划均明确表示支持发展稻渔综合种养产业。2017 年 5 月，农业部部署国家级稻渔综合种养示范区创建工作，首批 33 个基地获批国家级稻渔综合种养示范区；同年，农业部在湖北省召开了全国稻渔综合种养现场会，要求"走出一条产出高效、产品安全、资源节约、环境友好的稻渔综合种养产业发展道路"。在党和国家各级政府的正确领导下，我国稻渔综合种养发展已步入大有可为的战略机遇期。

第二节　稻渔综合种养的现状

一、全国稻渔综合种养产业发展现状

（一）规模布局

据统计，2018 年我国实行稻渔综合种养的省份共 28 个，稻渔综合种养总面积 3042 万亩，较 2017 年 2800 万亩增加 242 万亩，增长 8.6%，其中湖北 590 万亩、四川 468 万亩、湖南 450 万亩，上述三省总面积占全国稻渔综合种养总面积的 49.6%。另外，江苏、贵州、云南、安徽、浙江五省稻渔综合种养面积均超过 100 万亩。

2018 年全国稻渔综合种养水产品产量 233.33 万吨，较 2017 年 194.75 万吨增加 38.58 万吨，增长 19.81%。其中湖北 69.07 万吨、四川 38.34 万吨、湖南 29.80 万吨，上述三省水产品总产量占全国稻渔综合种养水产品总产量的 58.8%。另外，江苏、安徽、浙江三省稻渔综合种养水产品产量均超过 10 万吨。

2018 年全国稻渔综合种养水产品单位产量 76.69 千克/亩，与 2017 年 77.16 千克/亩基本持平。其中浙江、湖北、江西、安徽、四川五省稻渔综合种养水产品单位产量超过全国平均值；浙江、湖北超过 100 千克/亩。

（二）产业效益

1. 经济效益

据统计，全国单一种植水稻的平均亩纯收益不足 200 元，稻渔综合种养的经济效益明显提升。据全国水产技术推广总站对 2017 年全国稻渔综合种养测产和产值分析表明，稻渔综合种养比单种水稻亩均效益增加 90% 以上，亩平均增加产值 524.76 元，采用新模式的亩均增加产值在 1000 元以上，带动农民增收 300 亿元以上。

2. 生态效益

根据全国水产技术推广总站示范点测产验收结果，19 个测产点中，最少的点减少化肥用量 21%，最高的减少用量 80%；农药用量最低减少 30%，

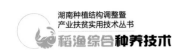

最高减少 50.7%。根据上海海洋大学、浙江大学等技术依托单位研究结果，稻渔综合种养平均可减少 50% 以上的化肥使用量，减少 50% 以上的农药使用量。研究表明稻田中的鱼、虾等能大量摄食稻田中蚊子幼虫和钉螺等，可有效减少疟疾和血吸虫病等重大传染病的发生，稻田中蟹类活动和摄食可有效减少杂草的滋生，可有效节省人力并减少农药的使用。同时，采用稻渔综合种养模式的稻田其温室气体排放也大大减少，甲烷排放降低 7.3%~27.2%，二氧化碳降低了 5.9%~12.5%。

3. 社会效益

稻渔综合种养具有稳定粮食生产的作用。根据水稻边际效应原理和测产结果分析，在沟坑占比低于 10% 的条件下，稻渔综合种养不仅不影响水稻生产，还可以解决稻田摞荒闲置和"非粮化""非农化"等突出的农村问题，大大调动了农民种稻的积极性，促进粮食稳产。稻渔综合种养是一些地区产业精准扶贫的有效手段。2017 年，农业部扶贫工作开展了稻渔综合种养推进行动，在湖南湘西、内蒙古兴安盟、黑龙江泰来、贵州铜仁和遵义、陕西延安等地的贫困地区，开展了稻渔综合种养技术指导与培训，指导稻田资源丰富的贫困地区因地制宜发展稻渔综合种养。

（三）技术模式

稻渔综合种养模式呈现出从单纯"稻鱼共生"向稻、鱼、虾、蟹、贝、龟鳖、蛙等共生和轮作的多种模式发展的趋势，已逐步形成稻-蟹、稻-虾、稻-龟鳖、稻-鱼、稻-贝、稻-蛙及综合类等 7 大类 24 种典型模式。稻渔综合种养技术模式在各地区因地制宜，进一步本地化，区域特色明显。

1. 稻-蟹共作模式

主要分布在黑龙江、吉林、辽宁、宁夏、浙江、上海、江苏、河北、湖北和云南等地，已形成典型的"辽宁盘山模式""宁夏稻蟹共作模式"和"吉林稻田养蟹技术模式"等。

2. 稻-虾连作、共作模式

此模式由于操作简单、收益较高，目前已经成为我国最受欢迎的稻渔综合种养模式，并且已经成为小龙虾的主要养殖方式之一，主要分布在湖北、安徽、江苏、浙江、云南、四川、河北等地，已形成典型的"湖北稻－小龙虾连作、共作模式"和"浙江绍兴稻－青虾连作模式"等。

3. 稻－鳖共作、轮作模式

主要分布在浙江、湖北、福建以及江苏、天津等地，已形成典型的"浙江德清稻－鳖共作、轮作模式"等。

4. 稻－鳅共作模式

主要分布在河南、浙江、江苏、河北、湖北、重庆、天津、湖南、安徽等地。目前主要包括先鳅后稻、先稻后鳅和双季稻泥鳅养殖模式，已形成典型的"浙江稻－鳅共作模式"等。

5. 稻－鱼共作模式

主要分布在浙江、福建、江西、湖南、四川等全国大部分地区，已形成典型的"浙江丽水丘陵山区稻鱼共作模式""江西万载平原地区稻鱼共作模式""云南元阳哈尼梯田稻鱼鸭综合种养模式"等。

二、湖南稻渔综合种养发展现状

湖南俗称"鱼米之乡"，全省耕地面积 379 万公顷，其中水田 290 万公顷，占 78.8%，拥有宜渔稻田 86.7 万公顷，约占水田面积的 30%，仅次于四川，位居全国第二。

（一）种养面积、产量、单产水平

2018 年，全省稻渔综合种养面积 30.01 万公顷，占全国稻渔综合种养面积 202.83 万公顷的 14.80%，居湖北、四川之后，为全国第三位（表 1-1）。比上年增加 7.9 万公顷，增长 35.49%。其中稻虾面积约 13.7 万公顷，占全省稻渔种养面积的 45.6%，仅次于湖北，居全国第二位。

表 1-1　2014—2018 年全国及湖南省稻渔综合种养面积（公顷）

年份	2014 年	2015 年	2016 年	2017 年	2018 年
全国	1489501	1501629	1484001	1682689	2028262

续表

年份	2014 年	2015 年	2016 年	2017 年	2018 年
湖南省	165616	171369	181934	221524	300148
占比（%）	11.12	11.41	12.26	13.16	14.80
全国排名	3	3	3	3	3

2018 年，全省稻渔综合种养水产品产量 29.80 万吨，较上年增加 10.78 万吨，占全国养殖产量 233.32 万吨的 12.77%（表 1-2）。其中小龙虾产量 23.76 万吨，占全国小龙虾产量 163.56 万吨的 14.53%，全国排名第二。

表 1-2　2014—2018 年全国及湖南省稻渔综合种养水产品产量（吨）

年份	2014 年	2015 年	2016 年	2017 年	2018 年
全国	1456719	1558187	1628361	1947507	2333269
湖南省	69498	81388	98209	190218	298049
占比（%）	4.77	5.22	6.03	9.77	12.77
全国排名	6	6	6	4	3

2018 年，全省稻渔水产品平均产量 66.20 千克/亩，仅为全国平均水平 76.69 千克/亩的 86.32%（表 1-3）。

表 1-3　2014—2018 年全国及湖南省稻渔综合种养单产产量（千克/亩）

年份	2014 年	2015 年	2016 年	2017 年	2018 年
全国	65.20	69.18	73.15	77.16	76.69
湖南省	27.97	31.66	35.99	57.25	66.20
单产水平（%）	42.90	45.76	49.20	74.20	86.32
全国排名	8	8	8	8	8

（二）产业布局

从种养规模来看，截至 2019 年 7 月，全省发展稻渔综合种养面积达 440.77 万亩，比上年同期增长 41.85%，其中稻虾蟹 263.11 万亩；水产品产量 36.96 万吨，其中小龙虾 31.08 万吨。近年来，环洞庭湖区益阳、岳阳、常德三市发展快速，逐渐成为湖南省稻渔综合种养新的增长点。2018 年环洞庭湖区三市稻渔种养面积 190.95 万亩，水产品产量 22.31 万吨，平均单产 116.87 千克/亩，分别占全省面积和产量的 42.4% 和 74.8%。

从产业规模来看，目前全省稻渔综合种养基本形成了以"郴州高山禾花鱼"为标志性品牌的湘南稻-鱼、稻-鳅模式，以"辰溪稻花鱼"为标志性品牌的湘西稻-鱼模式和以"南县小龙虾"为标志性品牌的环洞庭湖区稻-虾模式的分布格局。

（三）种养模式

从种养模式上看，全省稻渔综合种养主要有四种模式。

1. 稻-鱼模式

全省范围都有，以丘陵山区为主，养殖的品种主要有鲤鱼、鲫鱼、草鱼、鲢鳙鱼、乌鳢等，主要采用沟式、沟凼式和宽沟式田间工程养殖。稻鱼结合上主要有一季稻-鱼、双季稻-鱼和再生稻-鱼等模式。一般亩产稻谷 500 千克左右，鱼 50~100 千克，亩纯收益 1500 元左右。

2. 稻-虾模式

主要集中在洞庭湖区域，利用水源充足、水质条件较好、地势低洼的一季稻田养虾。采用稻-虾共生和稻-虾连作两种模式。一般在 3~4 月投放苗种或 8~9 月投放亲虾，水稻在 4 月底至 6 月初移栽。亩产稻谷 500 千克左右，小龙虾 100 千克左右，亩纯收益 3000 元左右。

3. 稻-鳅模式

主要养殖品种为大鳞副泥鳅和台湾泥鳅，集中在祁东县、绥宁县、零陵区、郴州市等地。一般亩产稻谷 500 千克左右，泥鳅 120 千克左右，亩纯收益 3000 元左右。

4. 稻-鳖（龟）模式

多为稻鳖共生模式，主要分布在益阳、常德和怀化等地。水稻间距采用宽窄行稀疏种植，宽行可达普通水稻的 3 倍。稻、鳖均采用有机生产标准。

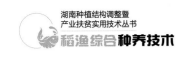
一般亩产稻谷 500 千克左右，鳖 80 千克左右，亩纯收益 4000 元左右。此外，还有稻-鳝、稻-蟹、稻-蛙等种养模式。

（四）主要成效与意义

稻渔综合种养能通过种养结合、生态循环，实现一水双用、一田双收，水稻种植与水产养殖协调绿色发展，既破解了国家"要粮"和农民"要钱"的矛盾，又解决了渔业"要空间"的问题，是一种可复制、可推广、可持续的现代农业好模式。

1. 促进稳粮增收的有效手段

"湖广熟，天下足"，古往今来，水稻是湖南种植的优势农作物，作为水稻生产大省，湖南稻谷产量常年居全国第一。然而，当前单一种植水稻效益比较低，严重影响了农民种稻的积极性。据调查，全省水稻平均亩纯收益不足 200 元。农民普遍反映仅靠水稻种植不能负担家庭的日常开支，导致部分地区稻田撂荒闲置和"非粮化""非农化"的问题十分突出。发展稻渔综合种养，将水稻与特色水产连作共生，有效促进了稻田的产业化经营，大幅度提升稻田综合效益，实现"以渔促稻"。据调查，2018 年环洞庭湖区发展规模稻虾种养的公司、合作社、家庭农场有 1707 家，经营稻虾种养面积 90 万余亩，占全区稻渔面积 70% 以上，从业人员达 5.6 万人，小龙虾经纪人 6000 人，带动就业机会 1.6 万个，入社农民人均年增收 3000 元以上。

2. 渔业转方式、调结构的重点方向

"十三五"时期，湖南省渔业资源环境约束不断加剧，渔业发展空间日益缩小的问题突出。发展稻渔综合种养新模式能实现充分利用稻田的坑沟、空隙带和冬闲田发展水产养殖，开辟了一条保障水产品供给的新路。湖南省宜渔稻田近 1300 万亩，发展潜力巨大。据测算，100 万亩新型稻田综合种养，每年可新增优质水产品 10 万吨以上，新增渔业产值 50 亿元以上。

3. 农业农村可持续发展的重要支撑

稻渔综合种养是由农（渔）民首创、市场推动、政府扶持形成的，是一种可复制、易推广的现代农业发展新模式。通过建立稻-渔共生循环系统，提高了稻田能量和物质利用效率，减少了农业面源污染、废水废物排放和病虫草害发生，并有利于农村防洪蓄水、抗旱保收，显著改善了农村的生态环境。从示范区调查情况来看，水稻亩产稳定在 500 千克左右，农药和化肥使用量平均减少 30% 以上，稻渔产品质量安全水平显著提高。

4. 突破水产品加工短板，实现"接二连三"的重要抓手

近年来，湖南省在推动稻渔综合种养产业发展过程中，打造了"郴州高山禾花鱼""辰溪稻花鱼""南县小龙虾""南洲稻渔米"等农产品地理公共标志品牌，形成了"渔家姑娘""今知香""绿态健"等小龙虾、稻米加工知名企业品牌，实现了种养基地与全域旅游、休闲农业、美食文化的有机融合。洞庭湖区年加工小龙虾 5 万吨以上，形成了虾仁、虾尾、整虾、熟食等系列产品，实现了湖南水产品加工由"量"的突破向"质"的提升的转变。在"辰溪稻花鱼"品牌的带动下，辰溪县发展稻花鱼养殖专业合作社、养殖专业户 300 多家，养殖面积 10.5 万亩，形成了完整的养殖、产品加工及网络销售产业体系，优质稻花鱼畅销全国各地。

5. 助推精准扶贫的有效途径

近年来，各地结合实际，将稻渔综合种养纳入精准扶贫重点产业项目，通过发展稻渔综合种养，助推精准扶贫。据统计，全省每年新增 50 万亩以上稻渔综合种养与产业扶贫项目紧密结合，有效带动了 10 万人以上贫困人口脱贫。南县将稻渔模式列入重点扶贫产业，2018 年全县贫困户发展稻渔综合种养 2 万多亩，有效带动 1.5 万名贫困人口脱贫，基本达到了一亩稻渔助推一人脱贫的效果。

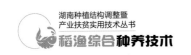

2

第二章
水稻品种的选择与栽培

王冬武

第一节　水稻品种选择

　　用于稻渔综合种养的水稻品种一般为晚稻或单季稻。常用晚稻品种有湘晚籼 13 号、湘晚籼 12 号、玉针香、玉晶 91、农香 18、农香 32 等。单季稻品种有泰优 390、桃优香占、黄华占、准两优 608、隆两优华占、晶两优华占、晶两优 534 等。

一、湘晚籼 13 号

　　湘晚籼 13 号（原名农香 98）是湖南省水稻研究所和金健米业股份有限公司合作选育的迟熟香型优质常规晚籼品种。在湖南省第四届优质稻品种评选中被评为二等优质稻品种。经鉴定，易感稻瘟病，不抗白叶枯病。适合在稻瘟病和白叶枯病轻发的地区作一季晚稻种植，在长江中下游作双季晚稻种植，全生育期平均 122 天，比对照汕优 64 迟熟 2~3 天。株高 98.5 厘米，株型适中，群体整齐，较易落粒，抗倒性较强，熟期转色好。每亩有效穗数 24.5 万穗，穗长 22.2 厘米，每穗总粒数 97.3 粒，结实率 85.9%，千粒重 25.3 克。抗性为稻瘟病 9 级，白叶枯病 3 级，褐飞虱 9 级。米质主要指标为整精米率 53.4%，长宽比 3.6，垩白粒率 5%，垩白度 0.4%，胶稠度 58

毫米，直链淀粉含量 15.3%。2002 年参加长江中下游晚籼早熟优质组区域试验，平均亩产 466.18 千克，比对照汕优 64 增产 5.96%（极显著）；2003 年续试，平均亩产 491.69 千克，比对照汕优 64 增产 4.83%（极显著）；两年区域试验平均亩产 478.93 千克，比对照汕优 64 增产 5.39%。

二、玉针香

该品种（图 2-1）属常规中熟晚籼，在湖南省作双季晚稻栽培，全生育期 114 天左右。株高 119 厘米左右，株型适中。叶鞘、稃尖无色，落色好。省区试结果为每亩有效穗 28.1 万穗，每穗总粒数 115.8 粒，结实率 81.1%，千粒重 28.0 克。抗性为稻瘟病抗性综合指数 8.2，白叶枯病抗性 7 级，感白叶枯病，抗寒能力较强。米质为糙米率 80.0%，精米率 65.7%，整精米率 55.8%，粒长 8.8 毫米，长宽比 4.9，垩白粒率 3%，垩白度 0.4%，透明度 1 级，直链淀粉含量 16.0%。在 2006 年第六届湖南省优质稻新品种评选活动中被评为一等优质稻新品种。2007 年省区试平均亩产 426.38 千克，比对照金优 207 减产 1.34%，不显著；2008 年续试平均亩产 461.56 千克，比对照

图 2-1　玉针香

减产 7.15%，极显著。两年区试平均亩产 443.97 千克，比对照减产 4.25%；日产 3.89 千克，比对照低 0.31 千克。

三、玉晶 91

该品种为爱华 5 号/农香 16//玉柱香培育的籼型常规中熟晚稻。在湖南省作晚稻栽培，全生育期 113.4 天。株高 105.3 厘米，株型紧凑。剑叶长、挺直，长势中等，叶鞘绿色，稃尖秆黄色，无芒，叶下禾，后期落色好。每亩有效穗 21.1 万穗，每穗总粒数 95.4 粒，结实率 82.7%，千粒重 32.7 克。抗性为叶瘟 4.8 级，穗颈瘟 6.3 级，稻瘟病综合抗性指数 4.6，白叶枯病 7 级，稻曲病 3 级。耐低温能力强。米质为糙米率 77.0%，精米率 65.3%，整精米率 45.9%，粒长 8.0 毫米，长宽比 3.8，垩白粒率 9%，垩白度 1.4%，透明度 1 级，碱消值 6.8 级，胶稠度 80 毫米，直链淀粉含量 15.7%。2013 年省区试平均亩产 479.39 千克，比对照岳优 9113 减产 1.97%，减产显著；2014 年省区试平均亩产 522.78 千克，比对照减产 2.94%，减产极显著。两年区试平均亩产 501.09 千克，比对照减产 2.46%；日产量 4.42 千克，比对照低 2.98%。

四、农香 18

农香 18 是湖南省水稻研究所育成的"超泰米"苗头新品种，是湖南省首次评选出来的一等优质品种。米质经农业部食品检测中心（武汉）分析检测，结果为糙米率 79.7%，精米率 70.7%，整精米率 63.4%，粒长 8.4 毫米，长宽比达 4.0，垩白粒率为 10%，垩白度为 0.3%，直链淀粉含量为 17%，透明度 1 级，精米细长，白度好，米饭油亮，纵向伸长度 200%，蓬松柔软而不黏结，食味可口，具有浓郁香味，冷饭不回生，口感好。在 2006 年湖南省第六次优质稻评选中被评为一等优质稻新品种。2007 年参加湖南省晚稻迟熟组区域试验，平均亩产 439.78 千克；2008 年参加续试，平均亩产 511.96 千克。全生育期 118 天左右，比对照威优 46 长 0.7 天。株高 102 厘米，中等偏高。分蘖力中等，繁茂性好，株型前期较紧凑，后期松散适中，剑叶直立，穗较长，粒长，千粒重 28.2 克左右，结实率 86.0%。耐肥抗倒，后期落色好。

五、湘晚籼 17 号

该品种为香型优质稻新品种，是湖南省水稻研究所以湘晚籼 10 号为母本，以广东的三合占为父本杂交育成的中熟晚籼品种。2008 年初通过湖南省农作物品种审定委员会审定，湖南省第六次优质稻品种评审结果为糙米率 78.7%，精米率 68.5%，整精米率 60.9%，粒长 8.1 毫米，长宽比 4.1，垩白粒率 9%，垩白度 0.7%，透明度 1 级，碱消值 6 级，胶稠度 84 毫米，直链淀粉含量 17%。所有指标均达到国家一等优质稻标准，被评为一等优质稻品种，是湖南省第一个通过审定的国标一等优质稻品种。2007 年省区试平均亩产 435.16 千克，比对照金优 207 增产 0.69%，不显著，同年在湘潭县示范 3.5 亩，折合亩产 508 千克。全生育期 117 天，株高 107.5 厘米，株型松散适中，分蘖率较强，后期落色好。省区试结果为每亩有效穗 20.0 万穗，每穗总粒数 124 粒，结实率 82.5%，千粒重 26.1 克。抗性为叶瘟 6 级、穗瘟 9 级、稻瘟病综合评级 7.3，白叶枯病 5 级。

六、黄华占

黄华占是广东水稻所选育的一个高产优质中籼新品种，2005 年通过广东省审定，2007 年通过湖南省、湖北省农作物品种委员会审定。在湖南省作中稻栽培，全生育期 136 天。株高 92 厘米，株型好，抽穗整齐，落色好，粒细长，千粒重 23.5 克。每穗总粒数 157.6 粒，结实率 90.8%。抗性为湖南区试点叶瘟 4 级，穗瘟 9 级；广东区试点稻瘟病 3.5 级，中抗稻瘟病。抗高温能力较强，耐肥抗倒，适合直播和抛秧。米质检测为精米率 73.5%，整精米率 69.1%，长宽比 3.5，垩白粒率 4%，垩白度 0.4%，透明度 1 级，胶稠度 79 毫米，直链淀粉含量 16.0%，蛋白质含量 8%，主要指标达国标一等优质稻品种标准。2005 年参加省区试平均亩产 547.8 千克，比对照金优 207 增产 12.7%，极显著；2006 年续试，平均亩产 538.4 千克，比对照Ⅱ优 58 增产 1%。两年省区试平均亩产 543.1 千克，比对照增产 6.9%。

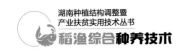

七、农香 32

农香 32 为湖南省水稻研究所选育的籼型常规水稻，适合在湖南省稻瘟病轻发的山丘区作中稻种植。在湖南省作中稻栽培，全生育期 137.5 天。株高 126.4 厘米，株型适中，生长势较强，叶鞘绿色，秆尖秆黄色，中长芒，叶下禾，后期落色好。每亩有效穗 14 万穗，每穗总粒数 171.6 粒，结实率 78.1%，千粒重 27.7 克。抗性为叶瘟 5.8 级，穗颈瘟 7.3 级，稻瘟病综合抗性指数 5.6，白叶枯病 7 级，稻曲病 4 级，耐高温能力较弱，耐低温能力较弱。米质为糙米率 72.3%、精米率 62.1%、整精米率 45.0%，粒长 8.0 毫米，长宽比 4.2，垩白粒率 19%，垩白度 1.9%，透明度 3 级，碱消值 4 级，胶稠度 83 毫米，直链淀粉含量 13.1%。

八、桃优香占

该品种为桃源县农业科学研究所等单位选育的籼型三系杂交中熟晚稻。适合在湖南省稻瘟病轻发区作双季晚稻种植。在湖南省作晚稻栽培，全生育期 113.4 天。株高 100.8 厘米，株型适中，生长势旺，茎秆有韧性，分蘖能力强，剑叶直立，叶色青绿，叶鞘、秆尖紫红色，后期落色好。每亩有效穗 22 万穗，每穗总粒数 119.5 粒，结实率 79.7%，千粒重 28.8 克。抗性为叶瘟 4.5 级，穗颈瘟 6 级，稻瘟病综合抗性指数 3.9，白叶枯病 7 级，稻曲病 1.8 级，耐低温能力中等。米质为糙米率 80.5%，精米率 71.5%，整精米率 63.3%，粒长 7.4 毫米，长宽比 3.4，垩白粒率 20%，垩白度 1.6%，透明度 1 级，碱消值 7 级，胶稠度 60 毫米，直链淀粉含量 17.0%。2013 年省区试平均亩产 509.93 千克，比对照岳优 9113 增产 4.28%，增产极显著；2014 年省区试平均亩产 576.45 千克，比对照增产 5.17%，增产极显著。两年区试平均亩产 543.19 千克，比对照增产 4.73%，日产量 4.79 千克，比对照高 3.75%。

九、泰优 390

该品种为湖南金稻种业有限公司、广东省农业科学院水稻研究所选育的三系杂交迟熟晚稻。在湖南省作晚稻栽培，全生育期 118.5 天。株高 105.2 厘米，株型适中，生长势强，植株整齐度一般，叶姿平展，叶鞘绿色，稃尖秆黄色，短顶芒，叶下禾，后期落色好。每亩有效穗 20.25 万穗，每穗总粒数 149.55 粒，结实率 81.0%，千粒重 25.2 克。抗性为叶瘟 4.8 级，穗颈瘟 6.7 级，稻瘟病抗性综合指数 4.7，白叶枯病抗性 6 级，稻曲病抗性 6 级，耐低温能力中等。米质为糙米率 81.6%，精米率 73.2%，整精米率 66.5%，粒长 6.7 毫米，长宽比 3.4，垩白粒率 7%，垩白度 1%，透明度 1 级，碱消值 7 级，胶稠度 70 毫米，直链淀粉含量 17.6%。2011 年湖南省区试平均亩产 514.32 千克，比对照天优华占增产 1.94%，增产不显著；2012 年湖南省区试平均亩产 562.96 千克，比对照增产 4.39%，增产极显著。两年区试平均亩产 538.64 千克，比对照增产 3.17%，日产量 4.55 千克，比对照高 0.25 千克。

十、晶两优华占

该品种由袁隆平农业高科技股份有限公司、中国水稻研究所、湖南亚华种业科学研究院，用晶 4155S × 华占选育而成的籼型两系杂交一季晚稻。在湖南省作一季晚稻栽培，全生育期 126.8 天。株高 120 厘米，株型适中，生长势较强，植株整齐，分蘖力强，叶姿直立，叶鞘绿色，稃尖秆黄色，无芒，叶下禾，后期落色好。每亩有效穗 19.4 万穗，每穗总粒数 172.7 粒，结实率 77.9%，千粒重 23.2 克。抗性为叶瘟 2.3 级，穗颈瘟 2.7 级，稻瘟病抗性综合指数 1.7，白叶枯病 6 级，稻曲病 3.5 级。耐高温能力中等，耐低温能力强。米质为糙米率 80.2%，精米率 73.3%，整精米率 66.2%，粒长 6.4 毫米，长宽比 3.2，垩白粒率 19%，垩白度 4.5%，透明度 2 级，碱消值 6.5 级，胶稠度 85 毫米，直链淀粉含量 15.4%。2013 年省区试平均亩产 587.77 千克，比对照增产 0.98%；2014 年省区试平均亩产 625.78 千克，比对照增产 3.41%。两年区试平均亩产 606.78 千克，比对照增产 2.20%，日产量 4.79 千克，比对照高 0.83%。

第二节　水稻栽培方法

中国是世界上最早有文字记录水稻品种的国家。《管子·地员》中记录了 10 个水稻品种的名称和适合种植的土壤条件。早期水稻的种植方式主要是火耕水耨。东汉时水稻技术有所发展，南方已出现比较先进的耕地、插秧、收割等操作技术。唐代以后，南方稻田由于使用了曲辕犁，从而提高了劳动效率和耕田质量，逐步形成一套适用于水田的耕—耙—耖整地技术。到南宋时期，《陈旉农书》中对于早稻田、晚稻田、山区低湿寒冷田和平原稻田等都已提出整地的具体标准和操作方法，整地技术更加完善。为了保持稻田肥力，南方稻田早在 4 世纪时已实行冬季种植苕草，后发展为种植紫云英、蚕豆等绿肥作物。沿海棉区从明代起提倡稻、棉轮作，对水稻、棉花的增产和减轻病虫害都有一定的作用。历史上逐步形成的上述耕作制度，是中国稻区复种指数增加、粮食持续增产，而土壤肥力始终不衰的重要原因。目前从育秧与否来分，水稻栽培主要分为直播栽培和育秧栽培，其中育秧栽培又可分为手工移栽、机插和抛秧栽培。

一、直播栽培

水稻直播栽培是指在水稻栽培过程中省去育秧和移栽作业，在本田里直接播种、培育水稻的技术。与移栽水稻相比，具有省工、省力、省秧田，生育期短，高产高效等优点。适合大规模种植，因此，呈现出逐渐发展扩大的趋势。

（一）整地施肥

直播稻对整田要求较高，要做到早翻耕，耕翻时每亩施腐熟的有机肥750 千克、高效复合肥 15 千克、碳铵 30 千克作底肥。田面整平，高低落差不超过 3 厘米，残茬物少。一般每隔 3 米左右开 1 条畦沟，作为工作行，以便于施肥、打农药等田间管理。开好"三沟"，做到横沟、竖沟、围沟"三沟"相通，沟宽 0.2 米左右、深 0.2~0.3 米，使田中排水、流水畅通，田面不积水。等泥浆沉实后，排干水，厢面晾晒 1~2 天后播种。

（二）种子处理

1. 晒种

选择发芽率 95% 以上的种子，薄薄地摊开在晒垫上，晒 1~2 天，做到勤翻，使种子干燥度一致。

2. 选种

晒种后，剔除混在种子中的草籽、杂质、秕粒、病粒等，选出粒饱、粒重一致的种子。再用食盐水选种，配制食盐水的方法是 10 千克水加 2~2.1 千克食盐。将种子倒入配制的液体中进行漂洗，捞出上浮的秕粒、杂质等，然后用清水冲洗 3 遍。

3. 浸种

浸种的作用在于使种子吸足水分，发芽整齐，出苗早。先将选好的种子用 40℃ 的温清水浸种 12 小时，然后用石灰水 300 倍液浸种消毒 12 小时，或者用 0.3% 硫酸铜液浸种 48 小时；消毒后的种子用清水冲洗干净，再用清水浸种 2~3 天，浸泡过程中注意换水透气，等种子颖壳发白时将其捞出，沥去多余的水分。

4. 拌种

浸种后用种衣剂包种，用量为种子量的 0.2%~0.3%，然后阴干备用。

（三）播种

1. 播种时间

适时播种是一播全苗的关键。一般直播水稻比移栽水稻迟播 7~10 天，早稻直播适宜播种期为日平均气温稳定在 12℃ 以上，长江流域的播种时间为 4 月上中旬；双季晚稻直播期应在 7 月上中旬。

2. 播种量与播种方法

小面积种植，采用人工直播的方法既简单又方便。只要做到均匀播种就能获得均衡出苗生长的效果。常规稻直播每亩大田播种量为 3~4 千克，用手直播比较容易。但杂交水稻种子每亩用种量一般为 2.5~3 千克，用手直播

难以做到均匀播种。为了播种均匀，可以将常规稻的稻谷炒熟，使其不能再发芽，然后均匀拌入杂交稻的种子内进行播种。有的地方还采用颗粒肥料代替炒熟的稻谷一起播种，效果也很好。如果种植面积较大，也可以采用水稻直播，调整好播种量，直接进行播种。播种过程中要防止漏播和重复播种。

二、育秧栽培

育秧栽培方式主要有手工移栽、机插、抛秧栽培等。

（一）机插秧技术

与传统人工插秧相比，机插秧的优点：一是效率高，机插秧速度可达到人工插秧的 10 倍，显著缩短插秧时间；二是减少育苗时间，机插秧的育苗时间基本为 25 天左右；三是插秧质量好，行宽可控，通过控制水稻行宽，可以提高水稻的通风性，提高阳光的利用率，促进水稻根系生长，进而提高水稻质量。机插秧技术有以下技术要点。

1. 适期播种，培育壮秧

（1）适期播种。机插秧秧本比为 1∶100，播种密度高，秧苗根系在厚度为 2~2.5 厘米的薄土层中交织生长，秧龄弹性小，一般掌握在 18~20 天。

（2）适量精细播种。机插秧苗每亩用 25~28 盘，播 3~3.5 千克稻种。盘底铺放 2~2.5 厘米底土，浸足水后，定量播种，一般每盘播芽谷 145~150 克。均匀撒盖种土，以盖没种子为宜，一般厚度为 0.3~0.5 厘米。

（3）控水旱育。机插育秧秧盘为平底塑盘，苗床覆膜盖草，揭膜前秧池排干水，揭膜后保持盘土湿润，严格控水旱育，有利于提高秧苗素质，培育壮秧。

（4）化调化控。壮秧剂集营养、调酸、消毒、化控于一体，是塑盘旱育必不可少的专用制剂。使用时，先用少量营养土拌和，均匀撒于盘底，再上底土。

2.精细耕整，科学栽稻

机插秧采用中小苗栽插，大田要求精细耕整，达到上软下松，田面平整。为了提高机插质量，避免栽插过深或漂秧、倒秧，大田耕整平后须经过一段时间沉实。一般砂质土沉实1天左右，壤土沉实1~2天，黏土沉实2~3天，栽插深度掌握在0.5~1厘米。

3.根据生育特点，合理运筹肥水

（1）控制前期用氮量，增加后期用氮比例。机插秧具有很强的分蘖爆发力。在肥水运筹上实行"前促、中控、后保"。前促早活棵分蘖，中控高峰苗，形成合理群体，后促保结合，形成大穗，有利于高产稳产。一般650千克是目标产量，总投肥20~25千克纯氮，氮：磷：钾比为1：0.3：0.5，基：蘖：穗肥比为3：3：4。前肥后移，有利于巩固分蘖攻大穗，提高成穗率。

（2）水浆管理是关键。一是坚持薄水栽插，浅水分蘖。机插结束后，要及时灌水护苗。活棵后浅水勤灌，以水调肥、以气促根，达到早发快发。二是适时适度搁田，控制高峰苗。在田间总茎蘖数达预期穗数90%时，及早搁田。先轻搁，后重搁，搁田控蘖，搁田控氮，改善根际环境，控制高峰苗，形成合理群体。长势偏旺的田块，宜在达成穗数80%时开始搁田；苗情较差的，可以适当推迟、带肥搁田。三是后期湿润灌溉，保持田面湿润，防止发生倒伏。

（二）抛秧栽培技术

水稻抛秧栽培技术是采用钵体育苗盘或纸筒育出根部带有营养土块的、相互易于分散的水稻秧苗，或采用常规育秧方法育出秧苗后手工掰块分秧，然后将秧苗连同营养土一起均匀撒抛在空中，使其根部随重力落入田间定植的一种栽培法。

1.育秧前准备

备足秧盘，每公顷选用561孔的秧盘525~600张。秧田应选择避风向阳、土壤肥沃、结构良好、排灌方便、黏壤土或壤土的稻田或旱地、菜园。秧田与大田比为1：40。秧田要施足基肥，要耙细、整平、作厢。营养土配

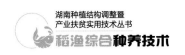

制主要采用壮秧剂配制营养土育秧，没有壮秧剂的地方，也可以用复合肥或尿素配制营养土。

2. 种子处理

将谷种用清水预浸 6 小时左右，再用强氯精 500 倍液浸泡 35 小时左右，捞出后用清水洗净。

3. 整地

抛秧本田应做到"平、浅、烂、净"的标准，即田面平整、高低不过寸；水要浅，以现泥为好；土壤要上紧下松，软硬适中，田面无杂物。如果是黏泥田应在犁耙后沉淀 2~3 天，放干明水，抢晴抛栽。

4. 播种

将种子均匀播在秧盘上，播种后将秧盘紧挨在秧床上排列，把秧盘底部压入秧床，以保证各部分与秧床充分接触。在播种的秧床上撒一层营养土，营养土以刚好覆盖种子为宜。

5. 抛栽

左手提盘，右手抓起秧苗 8~10 蔸，轻轻抖散，泥团向上，用力向上抛 2~3 米让其自由落下。根据田块面积和密度确定用秧盘数，先粗抛 2/3，余下 1/3 补稀。抛后每隔 3 米拣出一条人行道，宽 30 厘米。再用竹竿疏密补稀，做到全田大致均匀。

6. 苗期管理

主要抓苗期施肥和病虫害的预防。秧苗 1.5 叶时每亩用尿素 20 克兑水 30 千克喷施；3.5 叶时每亩用尿素 40 克兑水 30 千克喷施。苗期的主要病害为立枯病，待 2 叶 1 心时每亩喷施敌克松 800~1000 倍液 3 千克。

7. 田间管理

浇水前期要遵循"浅水立苗、薄水促蘖、晒田控蘖"的原则。浅水立苗即抛秧 2~3 天不进水，以利于秧苗扎根；薄水促蘖即灌 2~3 厘米的水层，利于促进有效分蘖；晒田控蘖即苗数足够时晒田，利于控制无效分蘖。水分管理的后期遵循"深水孕穗、浅水灌浆、断水黄熟"的原则，即保持 5~10

厘米的水层，利于孕穗；保持 5 厘米水层，利于灌浆；黄熟时断水，利于籽粒成熟饱满。

第三节　水稻需肥规律与施用方法

一、水稻需肥规律

水稻是需肥较多的作物之一，一般每生产稻谷 100 千克需氮 1.6~2.5 千克、磷 0.8~1.2 千克、钾 2.1~3.0 千克，氮、磷、钾的需肥比例大约为 2：1：3。

水稻对氮素的吸收高峰期在分蘖旺期和抽穗开花期；如果抽穗前供氮不足，就会造成籽粒营养减少，灌浆不足，降低稻米品质。

水稻吸收磷最多的时期是分蘖至幼穗分化期。磷肥能促进根系发育和养分吸收，增强分蘖，增加淀粉合成，促进籽粒充实。

水稻吸收钾最多的时期是穗分化至抽穗开花期，其次是分蘖至穗分化期。钾是淀粉、纤维素的合成和体内运输时必需的营养，能提高根的活力、延缓叶片衰老、增强抗病虫害的能力。

二、科学的施肥技术

（一）施足基肥

开展稻渔种养的稻田在秧苗移栽前要施足基肥，基肥品种以有机肥为好，最好是饼肥，时效长，效果好。一般可亩施人粪尿 250~500 千克，饼肥 150~200 千克，缺少有机肥的地区也可用无机肥补充，总施用量以基本保证水稻全生育期的生长需要为宜。

（二）少施追肥

开展稻鱼共生的稻田，由于鱼类的排泄物及残饵含有丰富的氮、磷等营养元素，可作为缓施肥被水稻吸收利用。如养殖容量合理（50 千克/亩左

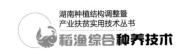

右），可基本满足水稻生育期营养需要。如鱼类产量较低（30 千克/亩以下），一般全年生育期补施 1~2 次追肥，每次每亩用尿素 2.5 千克左右。

第四节　常见水稻病虫害与防控技术

一、水稻常见病虫害

（一）水稻常见病害

水稻常发性病害有稻瘟病、纹枯病、稻曲病，偶发性病害有南方黑条矮缩病，检疫性病害有水稻细条病等。其病原、症状见表 2-1。

表 2-1　水稻常见病害病原及症状

病名	病原	症状
稻瘟病	由半知菌亚门灰梨孢属引起的真菌性病害	主要为害叶片、茎秆、穗部。因为害时期、部位不同分为苗瘟、叶瘟、节瘟、穗颈瘟、谷粒瘟
纹枯病	由立枯丝核菌侵染引起的一种真菌病害	水稻发生最为普遍的主要病害之一，一般早稻重于晚稻，往往造成谷粒不饱满，空壳率增加，严重的可引起植株倒伏枯死。
稻曲病	半知菌亚门引起，属真菌性病害	水稻生长后期在穗部发生的一种病害，该病病菌为害穗上部分谷粒，轻则一穗中出现 1~5 粒病粒，重则多达数十粒，病穗率可高达 10% 以上
南方水稻黑条矮缩病	病原为南方水稻黑条矮缩病毒，水稻各生育期均可感病	苗期症状：水稻植株表现为矮缩，叶色深绿，叶片僵直。 分蘖期症状：水稻植株矮缩，分蘖增多，叶片直立，叶色浓绿 拔节期后症状：水稻植株表现严重矮化，高节位分蘖，叶色浓绿，叶片皱缩，茎秆上有倒生根和白色蜡条，严重时蜡条为黑色，不抽穗或抽半包穗，谷粒空秕

（二）水稻常见虫害

水稻常见害虫有二化螟、蓟马、大螟、稻飞虱、稻纵卷叶螟，偶发性害虫有稻秆潜蝇等。

1. 二化螟

在分蘖期受害造成枯鞘、枯心苗，在穗期受害造成虫伤株和白穗，一般年份减产3%~5%，严重时减产三成以上。

2. 稻蓟马

成、若虫以口器锉破叶面，呈微细黄白色斑，叶尖两边向内卷折，渐及全叶卷缩枯黄，分蘖初期受害重的稻田，苗不长、根不发、无分蘖，甚至成团枯死。晚稻秧田受害更为严重，常成片枯死，状如火烧。穗期成、若虫趋向穗苞，扬花时，转入颖壳内，为害子房，造成空瘪粒。

3. 大螟

危害基本同二化螟。幼虫蛀入稻茎为害，也可造成枯梢、枯心苗、枯孕穗、白穗及虫伤株。大螟为害的孔较大，有大量虫粪排出茎外，又别于二化螟。大螟为害造成的枯心苗，蛀孔大、虫粪多，且大部分不在稻茎内，多夹在叶鞘和茎秆之间，受害稻茎的叶片、叶鞘部都变为黄色。大螟造成的枯心苗田边较多，田中间较少，有别于二化螟、三化螟为害造成的枯心苗。

4. 稻飞虱

常见种类有褐飞虱、白背飞虱和灰飞虱。稻飞虱直接刺吸汁液，使生长受阻，严重时稻丛成团枯萎，甚至全田死秆倒伏，产卵也会刺伤植株，破坏输导组织，妨碍营养物质运输并传播病毒病。

5. 稻纵卷叶螟

以幼虫为害水稻，缀叶成纵苞，躲藏其中取食上表皮及叶肉，仅留白色下表皮。苗期受害影响水稻正常生长，甚至枯死；分蘖期至拔节期受害，分蘖减少，植株缩短，生育期推迟；孕穗后特别是抽穗到齐穗期剑叶被害，影响开花结实，空壳率提高，千粒重下降。

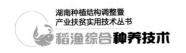

二、防治方法

（一）物理生态技术

1. 农艺措施

（1）翻耕灌水灭蛹。利用螟虫化蛹期抗逆性弱的特点，在越冬代螟虫化蛹期统一翻耕冬闲田、绿肥田，灌深水浸没稻桩7~10天，降低虫源基数。

（2）健身栽培。加强水肥管理，适时晒田，避免重施、偏施、迟施氮肥，增施磷钾肥，提高水稻抗逆性。

（3）清洁田园。稻飞虱终年繁殖区晚稻收割后立即翻耕，减少再生稻、落谷稻等冬季病毒寄主植物。

2. 生态工程

田埂留草，为天敌提供栖息地；田埂种植芝麻、大豆、波斯菊等显花植物，保护和提高寄生蜂和黑肩绿盲蝽等天敌的控害能力；路边沟边种植香根草等诱集植物，减少二化螟和大螟的种群基数。

3. 性信息素诱杀

越冬代二化螟、大螟始蛾期开始，集中连片使用性诱剂，通过群集诱杀或干扰交配来控制害虫基数。选用持效期2个月以上的诱芯和干式飞蛾诱捕器，平均每亩放置1个，放置高度以诱捕器底端距地面50~80厘米为宜。

4. 稻螟赤眼蜂控害

二化螟、稻纵卷叶螟蛾始盛期释放稻螟赤眼蜂，每代放蜂2~3次，间隔3~5天，每次放蜂1万头/亩。每亩均匀放置5~8个点，放蜂高度以分蘖期蜂卡高于植株顶端5~20厘米、穗期低于植株顶端5~10厘米为宜。

5. 稻鸭共育

水稻分蘖初期，将15~20天的雏鸭放入稻田，每亩放鸭10~30只，水稻齐穗时收鸭。通过鸭子的取食活动，减轻纹枯病、稻飞虱、福寿螺和杂草等的发生和为害。

6. 物理阻隔育秧

在水稻秧苗期，采用20~40目防虫网或15~20克/米² 无纺布全程覆盖，阻隔稻飞虱，预防病毒病。

（二）合理用药技术

在落实非化学防治技术的基础上，抓住关键时期实施药剂防治。一是普及种子处理。采用咪鲜胺、氰烯菌酯、乙蒜素浸种，预防恶苗病和稻瘟病；吡虫啉等种子处理剂拌种，预防秧苗期稻飞虱、稻蓟马及飞虱传播的南方水稻黑条矮缩病、锯齿叶矮缩病、条纹叶枯病和黑条矮缩病等病毒病；使用赤·吲乙·芸苔、芸苔素内酯、毒氟磷苗期喷雾，培育壮秧。二是带药移栽，减少大田前期用药。秧苗移栽前2~3天，施用内吸性药剂，带药移栽，预防螟虫、稻瘟病、稻蓟马、稻飞虱及其传播的病毒病。三是做好穗期保护。水稻孕穗末期至破口期，根据穗期主攻对象综合用药，预防稻瘟病、纹枯病、稻曲病、穗腐病、螟虫、稻飞虱等病虫。

1. 稻飞虱

长江中下游稻区重点防治褐飞虱和白背飞虱。药剂防治重点在水稻生长中后期，对孕穗期百丛虫量1000头、穗期百丛虫量1500头以上的稻田施药。

2. 稻纵卷叶螟

防治指标为分蘖期百丛水稻束叶尖150个，孕穗后百丛水稻束叶尖60个。生物农药施药适期为卵孵化始盛期至低龄幼虫高峰期。

3. 螟虫

防治二化螟，分蘖期于枯鞘丛率达到8%~10%或枯鞘株率3%时施药，穗期于卵孵化高峰期施药，重点防治上代残虫量大、当代螟卵盛孵期与水稻破口抽穗期相吻合的稻田；防治三化螟，在水稻破口抽穗初期施药，重点防治每亩卵块数达到40块的稻田。

4. 稻瘟病

防治叶瘟需在田间初见病斑时施药；破口抽穗初期施药预防穗瘟，气候适合病害流行时齐穗期第2次施药。

5. 纹枯病

水稻分蘖末期至孕穗抽穗期施药。

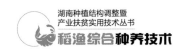
6. 稻曲病

在水稻破口前7~10天施药预防，如遇多雨天气，7天后第2次施药。

7. 病毒病

主要在秧田和本田初期及时施药，防止带毒稻飞虱迁入。注意防治田边杂草稻飞虱。

8. 细菌性基腐病、白叶枯病

田间出现发病中心时立即用药防治。重发区在台风、暴雨过后及时施药防治。

（三）注意事项

（1）昆虫信息素诱杀害虫，应大面积连片应用。

（2）应用生物药剂品种时，施药期应适当提前，确保药效。

（3）稻虾、稻鱼、稻蟹等农业生态种养区和临近种桑养蚕区，需慎重选用药剂；水稻扬花期慎用新烟碱类杀虫剂（吡虫啉、啶虫脒、噻虫嗪等），减少对授粉昆虫的影响；破口抽穗期慎用三唑类杀菌剂，避免药害。

（4）提倡不同作用机理药剂合理轮用与混配，避免长期、单一使用同一药剂；严格按照农药使用操作规程，遵守农药安全间隔期，确保稻米质量安全；提倡使用高含量单剂，避免使用低含量复配剂；禁止使用含拟除虫菊酯类成分的农药，慎重使用有机磷类农药。

第五节　灌水与晒田管理

一、灌水管理

水稻生育期中大部分时间都需要灌水，仅在成熟待收获时不需要灌水。水稻合理灌溉的原则是深水返青、浅水分蘖、有水壮苞、干湿壮籽。

1. 深水返青

水稻移栽后，根系受到严重损伤，吸引水分的能力大大减弱，这时如果田中缺水，就会造成稻根吸收水分的能力大大减弱，会造成稻根吸收的水分少，叶片丧失的水分多，导致入不敷出。轻则返青期延长，重则卷叶死苗。因此，禾苗移栽后必须深水返青，以防生理失水，以便提早返青，减少死苗。但是，深水返青并不是灌水越深越好，一般 3~4 厘米即可。

2. 浅水分蘖

分蘖期如果灌水过深，土壤缺氧闭气，养分分解慢，稻株基部光照弱，对分蘖不利。但分蘖期也不能没有水层。一般应灌 1.5 厘米深的浅水层，并做到"后水不见前水"，以利于协调土壤中水肥气热的矛盾。

3. 有水壮苞

稻穗形成期间，是水稻一生中需水最多的时期，特别是减数分裂期，对水分的反应更加敏感。这时如果缺水，会使颖花退化，造成穗短、粒少、空壳多。所以，水稻孕穗到抽穗期间，一定要维持田间有 3 厘米左右的水层，以保花增粒。一般应灌 1.5 厘米深的浅水层，并做到"后水不见前水"，以利于协调土壤中水肥气热的矛盾。

4. 干湿壮籽

水稻抽穗扬花以后，叶片停止长大，茎叶不再伸长，颖花发育完成，禾苗需水量减少。为了加强田间透气，减少病害发生，提高根系活力，防止叶片早衰，促进茎秆健壮，应采取干干湿湿，以湿为主的管水方法，达到以水调气、以气养根、以根保叶、以叶壮籽的目的。

二、晒田管理

晒田也叫"烤田"或"晾田"，晒田的轻重程度和方法要根据土壤、施肥和水稻长势等情况而定，要有灵活性，要因地制宜，适时、适度，关键在"五看"。

1. 看苗晾田

茎数足、叶色浓、长势旺盛的稻田要早晾田、重晾田，反之应迟晾田、轻晾田；禾苗长势一般，茎数不足、叶片色泽不十分浓绿的，采取中晾、轻

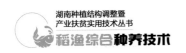

晾或不晾。

2. 看土质晾田

肥田、低洼田、冷凉田宜重晾田，反之，瘦田、高坑田应轻晾田。碱性重的田可轻晾或不晾。土壤渗漏能力强的稻田，采取间歇灌溉方式，一般不必晾田。稻草还田，施入大量有机肥，发生强烈还原作用的稻田必须晾田。

3. 看天气晾田

晴天气温高、蒸发蒸腾量大，晾田时间宜短，天气阴雨要早晾，时间要长些。晾田要求排灌迅速，既能晾得彻底，又能灌得及时。但要注意若晾田期间遇到连续降雨，应疏通排水，及时将雨水排出，不积水。晾田后复水时，不宜马上深灌、连续淹水，要采取间歇灌溉，逐渐建立水层。

4. 看肥力晾田

对于施肥过多、长势比较旺盛的稻田要适时晾田。

5. 看水源情况晾田

地势低洼、地下水位高、排水不良、七八月份出现冒泡现象的烂泥田必须晾田。

第三章
稻田养殖虾蟹类实用技术

李金龙

目前，适合稻田养殖的常见淡水虾蟹类品种主要有克氏原螯虾（又名小龙虾）、青虾（又名河虾）、罗氏沼虾（热带虾种）、河蟹等。

第一节　小龙虾稻田养殖技术

一、小龙虾生活习性

淡水小龙虾，学名克氏原螯虾，属于节肢动物门，甲壳纲，十足目，多月尾亚目，螯虾科，原螯虾属（图3-1）。是目前养殖范围最广、养殖规模最大的虾类品种。据统计，2018年全国养殖面积超过2000万亩，养殖产量达163万多吨。主要养殖区域在长江中下游的湖北、江苏、湖南、安徽、江西五省，占全国养殖面积、产量的90%以上。

小龙虾适应性极广，具有较广的适宜生长温度，在水温为10℃~30℃时均可正常生长发育。属杂食性，喜食动物性饵料和肥嫩多汁的植物，因此，在养殖过程中注意水草种植搭配。具有夜行性，白天躲藏，夜晚出来摄食和活动，小龙虾爬行能力和逆水上溯的能力较强，阴雨天或水体缺氧、缺食时会爬出水面，因此要注意防逃，要铺设防逃网（墙）。有争斗性，在饥饿和繁殖竞争时会出现同类相残的现象，但相比于水体中其他鱼类（如黑鱼、黄颡、黄鳝、龟鳖、鲤鱼、草鱼、鲫鱼）争斗能力较弱。具有蜕壳性和掘洞性，淡水小龙虾一生要蜕十几次壳，只有蜕壳小龙虾才能长大；在繁殖期和越冬期喜欢掘洞，掘得最深的洞穴长达1米多。

图 3-1　小龙虾（克氏原螯虾）

二、稻田准备

（一）稻田选择

依据地形、地貌，单块面积几亩到上百亩不等，以 5~20 亩较为适宜，便于管理。稻虾连作区四周可开挖小型排水沟渠，与周边传统稻作区、瓜果种植区、棉田种植区等分开，防止农药直接流入稻虾连作区，产生药害。稻田选址要求水通、电通、路通、土肥。

（二）稻田工程

可根据稻田地貌类型和单块稻田面积选择开挖环沟、U 形沟、L 形沟、侧沟（图 3-2）。如平原面积 15~50 亩，可开挖环沟；丘陵 10~15 亩，可开挖 U 形沟；丘陵 5~10 亩，可开挖 L 形沟或 U 形沟；山区 1~5 亩，可选择开挖 L 形沟或侧沟。具体虾沟、田埂、管渠、防逃、防盗工程设施标准如下。

1. 虾沟

沿稻田四周虾沟上宽 1.5~4 米，底宽 1 米左右，沟深 0.8~1.2 米，坡比为 1∶1.5 以上；虾沟面积占稻田面积 10% 以内。

2. 田埂

用挖沟的土加高加宽稻田四周田埂，要求四周外埂宽 2 米以上，内埂 1.5 米以上，埂高出田面 1 米左右，田埂需用挖掘机夯实碾压，防坍塌。在稻田虾沟与稻田边筑起高 0.3 米、宽 0.5 米的小土埂，便于水稻种植的田间水位管理。

3. 管渠

连片规模种养区进排水渠要分开，单块田进排水口设置在稻田对角线上，可选用直径 20 厘米以上的 PVC 管，进水管设置在田埂上，排水管设置在沟底，排水沟渠深度低于虾沟底端，做到进水便捷，排水彻底。

4. 滤网

进水管道口上应套上网目为 40~60 目筛绢布做成的网袋，网袋直径 30 厘米，长 5~8 米，防止进水时野杂鱼进入稻田与龙虾争食、争氧；排水管道口应罩上 20~40 目筛绢布做成的密眼虾罩，防止放水时虾苗、小龙虾逃逸。使用时应经常检查、搓洗，发现破损要及时更换或缝补。

图 3-2　小龙虾养殖稻田工程

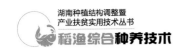
5. 防逃

在外埂内侧设置防逃设施，可选用厚（30丝以上）塑料薄膜、石棉瓦、彩钢瓦等材料，基部埋入土15~20厘米，顶端高出埂面40~50厘米，每隔1~2米，使用1根木棍或竹竿支撑防逃设施，防逃设施与埂面垂直，拐弯处做成圆弧形。靠近水源的外埂，在埂内埋入塑料薄膜或网片，防止小龙虾掘洞穴，防逃、防漏。

（三）清野消毒

主要清塘药品有生石灰、漂白粉、茶籽饼、茶皂素、鱼藤酮、皂角素等。一般可在稻田翻耕时，人工或用地笼捕捉田面上的泥鳅、黄鳝。养殖第一年，虾沟杂鱼可采用生石灰（75~100千克）或漂白粉（8~10千克）药品清除；第二年可结合稻田8月、9月两次烤田，清除野杂鱼，其中第一次烤田（8月）保持沟水深80米，可使用茶皂素、鱼藤酮、皂角素等药物清除野杂鱼、黄鳝、泥鳅、黑鱼、鲶鱼等，并结合使用地笼捕捉；第二次烤田（9月中下旬）时若还有杂鱼，可采用环保型茶粕清塘剂，沟水深0.5米，每亩可用茶籽饼7.5千克左右，浸泡24小时后，全池泼洒，彻底杀灭野杂鱼，保障幼虾安全，提高虾苗成活率。

（四）水草种植与养护

在田畈上种植伊乐藻，虾沟里移栽水花生，埂边种植空心菜。4月上旬放虾苗时水草覆盖面要达40%~50%。具体种植方法如下。

1. 施肥

水稻收割后，每亩施用200~300千克腐熟的有机肥或者100~200千克的生物肥，作为基肥。

2. 伊乐藻

10月至翌年3月10日前，完成伊乐藻种植，水位5~10厘米，行距8~10米，株距4米。虾沟每隔15米种植一团伊乐藻。

3. 空心菜

4月初，在田埂上种植空心菜，每隔5米1棵。

4.水花生

5中下旬到6月，割除伊乐藻，在虾沟中补栽水花生，每隔15米移栽一盘水花生（直径2米）。

5.水草养护

伊乐藻浅水移栽，随着水草生长，缓慢加水，始终保持草头淹没在水下；栽草后，使用氨基酸肥水膏或饼肥＋益草素促进水草生长；水草活棵发芽后，可定期泼洒壮根肥、益草素等；4~5月，若水草疯长可打头、疏密2~3次，保持草头在水面下20厘米；5月，泼洒1~2次控草肥，发现水草叶片上脏、卷曲、茎干发黄，新根少等现象，需及时解毒、改底（四羟甲基硫酸磷）、调水（EM），泼洒益草素、过磷酸钙等；6月，将虾沟中伊乐藻齐根割除，补栽水花生或空心菜等。

三、种苗放养

（一）种苗选购

3月底至5月上旬，选购的虾苗要求规格为每500克80~100尾，体色呈浅黄色（图3-3）；宜选购虾田或塘繁育的虾苗，或就近选购一手野生虾苗，严禁选购经长途运输、多次贩卖的幼虾、青壳虾。7~9月，选购种虾要求规格为每尾35克以上，壳硬艳红。

（二）种苗运输

外购虾苗和种虾运输距离应控制在2小时内为宜，使用专用运虾框［60厘米×40厘米×（10~15）厘米］包装种苗，每框堆放虾苗不宜超过5层，包装重量5~6.5千克，低温可多装，

图3-3 小龙虾虾苗

高温少装。低温可选用密封厢式货车，高温必须使用空调车。种虾可以使用平衡过水温的井水或干净的河水冲洗。宜选择夜里起运，早晨8点前运抵放养稻田。运输途中，每隔1~2小时，洒水一次，保持虾苗体表湿润。

（三）种苗放养

选择晴天早晨放养种苗，避免阳光直射。种苗放养前，需要培肥水质，实行种苗肥水下田。种苗运抵稻田后，将种苗在稻田水中浸洗2~3次，平衡种苗体温5~10分钟，并利用20克/米³的高锰酸钾溶液浸泡消毒1分钟左右。虾苗沿稻田中间或者子埂均匀散开放养，每亩放养25~30千克。种虾沿虾沟均匀散开放养，每亩放养10~15千克。

四、饲料投喂

虾苗投放后的第2天，及时投喂，以增强体质，提高免疫力，减少应激反应，提高虾苗放养成活率，提高生长速度，提早上市。

（一）饲料种类

以膨化沉性颗粒饲料（蛋白含量28%~32%，粒径2~5毫米）为主，搭配投喂冰鲜鱼、小杂鱼、黄豆、玉米、小麦、发酵豆粕等。

（二）投喂方法

按月份及气候投喂，适时调整投喂量。沿稻田中央水草空挡区及沟边浅水处均匀投喂饲料，为方便投饲、捕捞，每块田（或几块田共用）应配置一个硬质塑料船。

3月中旬开始投喂，日投饲率1%左右；4月以后，日投饲率2%~4%；5月底，日投饲率5%~6%。6月上中旬，干田播种水稻，小龙虾养殖结束。

7月至8月上旬，在虾沟可适当投喂谷物类饲料，日投饲率1%左右；8月中下旬至9月，存田及后期补放种虾开始出穴觅食，日投饲率1%~2%；10月，适当投喂颗粒饲料和经EM菌发酵的豆粕或者豆浆加虾奶粉，每亩投喂250~500克。

五、水质调节

（一）水位调控

根据不同月份调整稻田水位。其中10月至翌年1月，保持水位10~20厘米；2~3月，保持水位20~30厘米；4月，逐渐加深水位至30~40厘米；5月，将水位加至60~70厘米；6月，逐渐排水至40~50厘米左右，便于捕虾。7~9月，按水稻水浆管理调节水位。

第一次烤田，逐渐排水至沟水深80厘米，诱导龙虾入穴交配，彻底清野。之后，加水保持田面水位10~15厘米。

9月中下旬，收割前7天，排水入沟，诱导龙虾排卵、受精，再次清除野杂鱼。

（二）水质调节

11月到翌年2月，使用腐殖酸钠＋腐熟的有机肥、沼液、生物肥、菜籽饼等，保持水质肥度。3月，可使用氨基酸肥水膏等低温肥水产品＋培水素或藻种等肥水。4月，每隔7天交替使用微生态制剂（EM菌、光合细菌、芽孢杆菌等）调水；每10天换1次水，每次换水20%~50%。5~6月，每隔7天交替使用微生态制剂（EM菌、光合细菌、芽孢杆菌等）调水；每隔5~7天换1次水，每次换水20%~50%。

六、诱导繁殖

5月以前放养的虾苗，可选择8月中旬到9月控水，9月中旬至国庆前后加水，诱导掘穴交配、排卵，进行秋季苗种繁育。

6月之后放养的虾苗，可选择10月控水，诱导掘穴交配、排卵，翌年2月加水，进行次年春季苗种繁育。

严禁在11月随意抬高稻田水位，防止抱卵虾出洞，造成卵子霉变脱落，影响育苗量（图3-4）。

图3-4 抱卵小龙虾

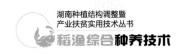
七、病害防控

克氏原螯虾的敌害较多，如蛙、水蛇、泥鳅、黄鳝、肉食性鱼类、水老鼠及水鸟等。放养前应用生石灰清除，进水时要用 8 孔/厘米的纱网过滤；平时要注意清除田内敌害生物，有条件的可在田边设置一些彩条或稻草人，恐吓、驱赶水鸟。

养殖过程中常见的疾病有白斑综合征病毒（WSSV）、营养性疾病、肠炎、黑鳃病、脱壳不遂、纤毛虫病等。

流行季节在每年的 5 月、6 月，又称黑色 5 月。

发病原因有天气变化大导致虾应激反应大、密度大、泥底有机质腐烂、环境差导致病原体滋生、营养不良、机械损伤等。

甲壳溃烂病的防治方法有避免损伤；饲料要投足，防止争斗；用 10~15 千克/亩的生石灰兑水全池泼洒，或用 2~3 克/米^3 的漂白粉全池泼洒，可以起到较好的治疗效果。但生石灰与漂白粉不能同时使用。

纤毛虫病的防治方法：用生石灰清塘，杀灭池中的病原；用 3%~5% 的食盐水浸洗虾体，3~5 天为一个疗程；用 0.3 毫克/升四烷基季铵盐络合碘全池泼洒；投喂克氏原螯虾蜕壳专用人工饲料，促进克氏原螯虾蜕壳，蜕掉长有纤毛虫的旧壳。

八、水稻种植及稻田管理

（一）水稻种植

水稻品种为抗倒伏且耐肥，抗病性较强、稻穗大、稻米品质好、口感好，生育期 120 天左右的杂交稻、中籼稻，如泰优 390、晶两优华占、黄华占等。

5 月上中旬育秧。6 月上中旬，排水诱虾入沟，施用复合肥 15~20 千克或生物虾肥，旋耕压草、整地。采取人工移栽或机插，株行距 13.3 厘米×29.7 厘米，密度为 1.5 万穴/亩。沟边可增加秧苗密度，发挥边际效应。中秋至国庆收割。

（二）稻田管理

移栽水稻插秧的水位为 2~3 厘米；插秧后立即注水保返青，水位控制在 4~6 厘米。分蘖期保水 2~3 厘米；分蘖后期，保水 3~5 厘米。移栽后 25~30 天，开始第一次烤田，时间 5~7 天，田面小裂缝、不陷脚。当水稻叶色由浓绿转为黄绿色时应立即复水至 5~10 厘米。孕穗期、抽穗开花期提高水位至 10~15 厘米，并保持该水位至水稻成熟期；水稻收割前 7 天将田中积水彻底排尽。

（三）病虫害防治

稻虾共作，水稻疾病较少，可根据天气适度防治；选用苏云金杆菌类、康宽、阿维菌素等防治稻纵卷叶螟、二化螟、稻飞虱、稻蓟马等虫害。

施药前田水加深到 20 厘米，药物喷洒在水稻叶面上，施药后及时换水。

九、捕捞

（一）捕捞时间

克氏原螯虾与中稻轮作的捕捞时间从 4 月中旬开始，到 6 月中下旬结束。

（二）捕捞工具

捕捞工具主要是地笼（图 3-5）。地笼网眼规格应为 1.8~2 厘米，保证成虾被捕捞，幼虾能通过网眼跑掉。成虾规格宜控制在 25 克/尾以上。

图 3-5　两种捕捞小龙虾的地笼

（三）捕捞方法

将地笼放置在稻田的田面、环形沟或田间沟中，用纱布包裹诱饵（如死鱼、死虾等）置入地笼内，每天早晨收虾。收虾后地笼仍放置在稻田中，每5~7天将地笼移动一次位置，以增强捕捞效果。

第二节　青虾稻田养殖技术

一、生活习性

青虾，又名河虾，属于节肢动物门，甲壳纲，十足目，游泳虾亚目，长臂虾科，沼虾属（图3-6）。是在中国广泛栖息的沼虾属中的一种。

青虾属纯淡水虾，生活于江河、湖沼、池塘和沟渠内，营底栖生活，喜欢栖息在水草丛生的缓流处，栖息水深从1~2米到6~7米不等，夏秋季青虾在岸边浅水处寻食和繁殖，冬季则移到较深的水区越冬，很少摄食和活动。青虾游泳能力差，只能短距离游动，常在水底草丛中攀缘爬行，喜逆水

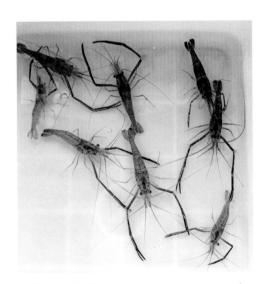

图3-6　青虾（*Macrobrachium nipponense*）

游动。

青虾属杂食性偏食动物性饵料，幼虾阶段以浮游生物为食，自然水域中的成虾主要食料是各种底栖小型无脊椎动物、水生动物的尸体、固着藻类、多种丝状藻类、有机碎屑、植物碎片等，人工养殖的青虾能摄食各种商品饲料。其最适生长水温为 18℃~30℃，当水温下降到 4℃时进入越冬期，当水温升到 10℃以上时活力加强，摄食逐步加强。

目前，中国水产科学研究院科技人员先后以野生青虾为母本，育成太湖 1 号青虾和太湖 2 号青虾。在同等养殖条件下太湖 1 号青虾比太湖 2 号青虾生长速度快 30% 以上，单位产量高 25% 左右。太湖 2 号青虾与杂交太湖 1 号青虾相比，体重平均提高 17.2%。

二、稻田的选择和准备

（一）稻田选择

养殖田首先要选择水质无污染，水源充足，能够保水、保肥的稻田；其次要尽量选择那些交通比较便利的田块。

（二）稻田的准备

在早稻收割后即可进行稻田准备。一是加高加固田埂，使之高 0.7 米，宽 0.6 米，不垮不漏；二是疏通进排水系统，确保排灌自如；三是设置好拦鱼栅，在进水口设置 40 目、80 目的双层筛网，排水口设置 60 目的单层筛网；四是挖好沟和池，在稻田进水处挖一小池，深 0.6 米，面积占稻田面积的 10%，在稻田中挖宽 3 米、深 0.5 米的十字形或田字形沟，沟面积占稻田面积不超过 10%。

三、管理措施

（一）清田消毒

在虾苗、虾种放养前半个月，每亩泼洒 75~100 千克生石灰进行消毒，清除野杂鱼类、黄鳝、泥鳅等敌害。

（二）管好水质

在消毒后，苗种放养前 7 天，将水位保持在 50 厘米左右，每亩施用有机肥 100 千克培肥水质，为虾苗准备丰富适口的天然饵料。苗种下田后，水质既不能浓也不能淡，在养殖前期，水质应稍浓，少换水，后期应稍淡，多换水，水的透明度应保持在 40 厘米左右。施肥应堆施牛、猪、鸡、鸭等有机粪肥，不宜泼洒人粪尿和无机肥，以防肥效过快恶化水质。为了提高水中钙质，促进青虾蜕壳，每隔 15~20 天泼洒 1 次生石灰浆，用量 5 千克/亩。

（三）苗种放养

按照亩产青虾 25 千克的目标，每亩放养青虾苗（1 厘米）1 万 ~2 万尾，青虾苗种在禾苗栽插 1 周以后放养，放养时应选择阴天或早晨、傍晚进行。

（四）合理投喂

晚稻田饲养青虾的饵料应以投喂青虾专用料为宜。如无青虾专用料，可根据当地的原料来源用菜叶、米糠、豆饼、麦麸等植物性饵料与蚯蚓、鱼粉、小杂鱼、螺蛳肉等动物性饵料配合，再加入少量虾壳素、微量元素、骨粉等添加剂制成颗粒饲料投喂。植物性饵料与动物性饵料之比为 7∶3。日投喂量为青虾重量的 3%~4%，每天投喂 2 次，上午、下午各 1 次，上午在 6 时到 8 时投喂，投喂量为全天用量的 30%；下午在 5 时到 6 时投喂，投喂量为全天用量的 70%，投喂时应将饵料均匀撒在沟池中。

（五）谨慎用药

水稻和水体用药应特别谨慎，青虾对菊酯类、有机磷、拟菊酯类药物极为敏感，应避免使用。在使用其他农药时应注意将沟池中的水加深，稀释落在水体中的农药浓度，减弱农药对青虾的危害；尽量少将农药落在水体中，主要办法是在早晨施用粉状农药，以便粉状农药黏附在水稻叶、茎的露水上，在下午施用水剂农药，这时水稻的叶茎干燥，便于黏附农药，喷药时，喷嘴应横向或朝上，尽量将药物喷在稻叶上。

（六）设置隐蔽物

栽种了水稻的田中可不设隐蔽物，未栽种水稻的田中要设隐蔽物。在沟、池中用绳或网将水葫芦、水花生等水生植物固定成草带，供虾栖息，防止敌害侵袭。

四、收获

青虾收获在晚稻收割时或收割以后进行，收获时逐渐降低田水，将青虾集中至沟和池中，用拉网捕捉或用专用虾笼捕捉，出售符合规格的青虾，小规格虾可转塘或转田继续养殖。

第三节　河蟹稻田养殖技术

稻田养蟹是近年来兴起的一种生态种养模式。稻田养蟹不仅能清除稻田杂草，使稻田光照充足，也可预防水稻虫害，减少农药化肥的使用，既保证了水稻优质生态，又保证了河蟹质量安全，实现种养双赢。稻田养蟹技术简单，养殖效益好。

一、河蟹生活习性

河蟹，学名中华绒螯蟹（图 3-7），在动物分类学上隶属节肢动物门、软甲纲、十足目、方蟹科、绒螯蟹属。是一种名贵的淡水甲壳动物，味道鲜美，营养丰富，具有很高的经济价值。

河蟹头胸甲呈方圆形，质地坚硬，身体前端长着一对眼，侧面具有两对十分尖锐的蟹齿。蟹最前端的一对附肢叫螯足，表面长满绒毛；螯足之后有4 对步足，侧扁而较长；腹肢已退化。河蟹的雌雄可从它的腹部辨别，雌性腹部呈圆形，雄性腹部为三角形。其生长分为蚤状幼体、大眼幼体，幼蟹和成蟹 4 个阶段，需经历十几次蜕壳方可成为成蟹。

河蟹对温度的适应范围较大，1℃~35℃下都能生存。喜欢栖居在江河、湖泊的泥岸或滩涂的洞穴里，或隐匿在石砾和水草丛里，河蟹以掘穴为其本能，也是河蟹防御敌害的一种适应方式。食性很杂，其动物性食物有鱼、

图 3-7　河蟹（中华绒螯蟹）

虾、螺、蚌、蚯蚓及水生昆虫等；植物性食物有金鱼藻、菹草、伊乐藻、轮叶黑藻、眼子菜、苦草、浮萍、丝状藻类、凤眼莲（水葫芦）、喜旱莲子草（水花生）、南瓜等；食物匮乏时也会同类相残，甚至吞食自己所抱之卵。肢体具有自切和再生功能。具有敏感的视觉、嗅觉和触觉，运动攀高能力很强。喜欢弱光，畏强光，白天一般隐蔽在洞中，夜晚出洞觅食。

河蟹对温度、流水和渗透压等外界因子的变化十分敏感，当性成熟阶段（晚秋季节），水温骤降，河蟹便开始进行江河生殖洄游，当亲蟹群体洄游至入海口的咸淡水交界处（盐度为 1.5%~2.5%）时，雌雄亲蟹进行交配产卵。交配产卵的适宜温度为 8℃~12℃，在长江口交配产卵的时间为 12 月至翌年 3 月。繁殖期分为发情抱对、交配、排卵、产卵受精和搅卵附卵 5 个阶段。

二、田间设施

养蟹的稻田要求选择水源充足、水质良好、排灌方便、保水力强、土质肥沃的中熟晚粳或杂粳田块，常年不脱水的沤田也可。应加高加固养蟹稻田的四周田埂，埂高出田面 60~80 厘米，田埂夯实，防止漏水逃蟹。在田块四周开挖围沟，围沟埂宽 2~3 米，沟宽 3 米、深 1.5 米，坡比 1:2。面积较大的田块中间要开挖蟹沟，沟宽和沟深均为 3~5 米，总体可开成

"日""田""围"等形状，面积占总面积的 10% 以下。

稻田养蟹需建设围栏防逃设施和进排水口防逃设施。一是建钙塑板防逃墙。可选用抗氧化能力较强的钙塑板沿田块四周围挡，板埋入土下 10~20 厘米，高出地面 50 厘米左右，外侧用木桩支撑，2 块钙塑板之间用细铁丝紧紧接牢，四角做成圆弧形。这种防逃墙具有运输安装方便、造价低、效果好等优点，一般可使用 2~3 年。二是进排水口的设置。根据螃蟹的洄游习性，为便于捕蟹，进水口最好设在田块的西北方或西方，排水口设在东南方或东方。进排水口地基要夯实，铺上一层扁砖后，上置直径 40 厘米的水泥管，用水泥砂石砌成，衔接要无间隙，进水口最好做成弯曲状。进排水口要用聚乙烯网片密封，再建一道竹栅，并加盖网片，预防螃蟹从进排水口逃跑。

三、水稻管理

（一）水稻品种选择

选择品质优、分蘖性较强、株型紧凑、叶片较挺，抗耐病虫、抗倒伏、耐肥性强、穗型较大的品种为宜。

（二）稻田施基肥

养蟹稻田在秧苗移栽前要施足基肥，基肥品种以有机肥为好，最好是饼肥，时效长，效果好。一般可亩施有机肥 250~500 千克，饼肥 150~200 千克，缺少有机肥的地区也可用无机肥补充，总施用量以基本保证水稻全生育期的生长需要为宜。

（三）秧苗栽插

秧苗移栽前 2~3 天，对秧苗施 1 次高效农药，以防水稻病虫害的传播和蔓延。通常采用浅水移栽，宽行密株栽插，发挥边际优势，提高水稻产量。秧苗栽后的 1 个星期内，特别是秧苗返青前，要尽量减少螃蟹进入秧田，以免影响秧苗成活。

（四）水质调节

养蟹的稻田水中溶氧一般需保持在 5 毫克/升以上，pH 值为 7.5~8.5。

秧苗移栽入大田时田中水位在 20 厘米左右，以后随着水温的升高和秧苗的生长逐步提高水位至 60 厘米。5 月以后每隔 7~15 天换 1 次水，高温季节 2~3 天换 1 次水，每次换水 20 厘米左右，换水时应注意田内外水温差不能超过 3℃~5℃，并避免在螃蟹潜伏休息和最佳摄食期间换水。

（五）稻田管理

养蟹的稻田一般全年生育期只施 1~2 次追肥，每次每亩用尿素 2.5 千克左右。

四、蟹苗放养

（一）清田消毒

苗种放养前一个月左右，将围沟及蟹沟内的水排干，曝晒数日，再放水 5~10 厘米，每亩用生石灰 75 千克加水溶化，不待冷却即全池遍洒。放蟹前还应暂养蟹试水，检验药性是否完全消失。

（二）放养时间

稻田培育成蟹，一般在 2~4 月，水温达 5℃~10℃时，选择一个晴天，将蟹种放入围沟内。稻田培育幼蟹，通常在 5~6 月放蟹苗入围沟内（稻田不宜鱼蟹混养）。

（三）规格及密度

稻田培育成蟹一般以放养 60~150 只/千克的蟹种为宜（图 3-8）。放养密度根据稻田情况灵活掌握，以每亩放 2.5~5 千克为宜。同一块田内最好放养同一规格的蟹种，不同规格的蟹种混养时，饲料投喂一定要十分充足。对水质

图 3-8　稻田河蟹蟹苗放养

调节比较困难的田块，也可搭养少量鲢鳙鱼，一般每亩围沟放养 1 千克左右一龄的鲢鳙鱼种。稻田培育幼蟹以每亩放养 250 克左右大眼幼体为宜。

五、日常饲喂管理

（一）饵料投喂

培育幼蟹的田块要先肥水后放苗，蟹苗下田后，每天投喂 1~2 次豆浆或蛋黄，泼洒均匀。1 个星期后，逐渐改投糊状饲料，如豆饼糊、菜饼糊、麦麸糊、南瓜糊、甘薯糊及一些动物内脏剁成的糊等，并投喂足量的水草，蜕壳期间在饲料中添加适量蜕壳素。

培育成蟹的田块每放养 50 克蟹种便搭配投放 50~100 千克活螺蛳到围沟内，让其自行产卵繁殖供螃蟹食用，并适当投喂一些浸泡过或煮熟的小麦、玉米等植物性饵料，可增放一些绿萍。7~10 月是螃蟹生长的旺盛期，投喂饲料要做到量足、营养全面、新鲜无污染，投喂充足的动、植物性饵料，如螺蛳肉、蚌肉、蚕蛹、鱼虾、动物尸体、屠宰下脚料及水草、麦、谷、饼类等。蟹蜕壳前后要在饲料中添加蜕壳素，也可适当增喂一些蛋壳粉、骨粉、虾壳粉等含钙多的饵料。11 月以后，水温逐渐下降，可酌减投饵量。每天投饵量需根据水温及上一天螃蟹的摄食情况灵活掌握，一般为蟹体重量的 5%~10%。投饵次数为 1 日 2 次，上午 6 时到 8 时投喂 1/3，下午 6 时左右投喂 2/3，投喂地以沟河边的浅水倾坎上为好。投喂应做到"定时、定位、定质、定量"。

（二）日常管理

主要是巡田检查，每天早晚各 1 次，查看防逃设施是否破损，进排水道是否漏水，观察螃蟹的摄食、蜕壳、生长情况，及时清除腐烂变质的残饵。

（三）病害防治

稻田养蟹疾病较少，一般以预防为主，放养时用 2%~3% 食盐水对蟹进行药浴。养殖期间，每亩每月用生石灰 15~25 千克在围沟和蟹沟内遍洒 1 次。对稻田养蟹危害较大的敌害有水老鼠、水蛇、青蛙、水鸟等，可采取在田边投放鼠药，安放鼠笼、鼠夹、"稻草人"及人工捕杀等多种方法进行清除。

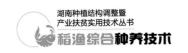
六、捕捞及运输

稻田养蟹，捕捞时可采取流水刺激捕捞法、地笼张捕法、灯光诱捕法、草把聚捕法，尤其以流水刺激和地笼张捕相结合效果最佳。在捕捉时，地笼张捕在流水出入口处隔 10 米放置 1 条，将田水水位缓慢下降，使蟹种全部进入蟹沟，再利用微流水刺激或水位反复升降来刺激捕捞，最后放干田水后人工挖捕少部分河蟹。

成蟹运输应注意以下几点：

第一，严格对收获或收购的河蟹进行分级，要做到"四分开"，即大小要分开，不能混放，否则小蟹易死亡；强弱要分开，壳脚粗壮的蟹生命力强，适于较长时间贮运；健残要分开，肢脚残缺的蟹只适于当地销售或短途运输；肥瘦要分开。

第二，搞好包装，河蟹分级以后，外运须认真搞好包装。短途运输包装可以简单一些。长途运输目前大部分用筐笼包装，筐内先衬以蒲包，再把河蟹装入，力求把河蟹放平，装满加盖扎紧，使河蟹不能爬动，否则易损伤和断肢。每筐装 15~25 千克。

第三，及时运输，一般情况下 3~5 天死亡较少，超过 5 天，死亡就逐渐增多。运输途中要防止日晒、风吹、雨淋，尤其要防高温。有条件的可采取降温措施，促使其冬眠，可大大提高成活率。

第四章
稻田养殖鲤鲫实用技术

邹利

第一节　鲤鲫的生活习性

鲤鲫鱼食性杂，抗逆性强，生长快，是我国重要的稻田养殖鱼种。鲤鲫鱼为底层鱼类，栖息于水体的中下层，并在池底最深处集群越冬。耐低氧能力强，其临界窒息点很低，一般在 0.2~3 毫克/升范围内，在水体溶氧 4.5 毫克/升以上时生长良好，低于 2 毫克/升摄食减少，1 毫克/升开始浮头。对温度的适应能力也很强，能在 2℃~34℃ 水环境中生存、生活和生长。对水质要求不高，耐肥，因此能适应稻田养殖环境。鱼苗阶段主食浮游生物，达到夏花规格后转为杂食性。它可摄食底泥中的水蚯蚓、水生昆虫、有机碎屑，又可摄食人工投喂饲料。常在底泥中觅食，又可活动到水面，摄食能力强，饲料利用率高。若用配合饲料饲养，一般 1 龄达商品鱼规格。

图 4-1　芙蓉鲤鲫

49

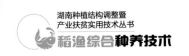

目前，国内选育成功的鲤鲫良种较多，其中适合稻田养殖的品种有芙蓉鲤、福瑞鲤、三杂交鲤、呆鲤、芙蓉鲤鲫（图 4-1）、异育银鲫中科 3 号、湘云鲫 2 号、洞庭青鲫、彭泽鲫等。

第二节　稻田前期准备与改造

一、养鱼稻田的选择

稻田能蓄水高 20 厘米以上，水源供给充足，水质清新无污染，且水温、水质适合鱼类生长，水的 pH 值为 6.8~8；单块田块面积均在 3 亩以上，地势平坦、灌排方便，不受旱、涝影响；土壤为黏土或壤土，有较好的保水、保肥能力，枯水、漏水及严重草荒的稻田不宜选择。

二、田间工程建设

（一）加高、加固田埂

修整田埂，夯实加固。田埂要加高至 0.8~1.2 米，宽为 0.6~0.8 米，一般外田埂高 80 厘米，顶宽 60 厘米，底宽 80 厘米，内田埂高 50 厘米，顶宽 40 厘米，底宽 60 厘米。作业时应夯实，确保不塌也不漏。也可在田埂上铺一层松肥泥，可种植瓜菜类等，既能增收，又能防鱼跳出稻田。在田埂的一侧还可种植南瓜、冬瓜等藤类植物，在高温季节起到遮阴的效果。

（二）开挖鱼凼

鱼凼一般占稻田总面积的 5%~8%，建在田中央、田边或田角都可以，鱼凼主要是农事时用于鱼的暂时聚集，避暑等（图 4-2）。一般 1 亩田挖 1 个鱼凼，开挖成方形或圆形，与鱼沟相通。鱼凼一般深 0.8~1 米，挖到硬地为止，底部用水泥铺面，以防漏水。鱼凼施工与耕田时间同时进行，鱼凼要在栽秧前 30~40 天挖好并修整 3~4 次。我国大部分地区的夏季气温都在 30℃以上，一般需要用黑色遮阳网搭建荫棚，起到保水、降温的作用。

图 4-2　稻田鱼凼

（三）开挖鱼沟

鱼沟占稻田总面积的 3%~5%，鱼沟在插好秧后开挖，也可在耕田时开挖，鱼沟一般宽 40~50 厘米、深 35~45 厘米。沟开挖的原则是一定要与鱼凼相通。鱼沟要根据田块的大小、形状开挖成十字形、井字形或田字形，使纵、横、围沟相通。围边鱼沟应离田埂 1.5 米远。

（四）灌排水口和拦鱼栅施工

灌排水口应开挖在稻田相对应的两角田埂上，以使灌排通畅。最好用砖和水泥砌成，大小根据需要而定，以安全不逃鱼为准。捕杀黄鳝、田鼠、野杂鱼等，安装拦鱼设备，进水口也应安装栅栏以防鱼种逃逸。拦鱼栅可用竹帘、铁帘窗、胶丝制成或用尼龙线制作的窗框等制作，长度为排水口的 3 倍，使之成弧形，高度应超过田埂 0.1~0.2 米，底部插入硬泥 0.2~0.3 米深，最好设置 2 层。

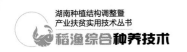
第三节　鲤鲫苗种选择与放养

　　鱼种放养时间大都在插秧以后，因稻作季节和鱼种规格稍有区别。放养的苗种既可选择夏花鱼种，也可选择春片鱼种。但由于稻田苗种放养晚，春片鱼种很难购买，相比之下夏花鱼种更容易买到。

一、夏花鱼种放养

　　于 5 月上中旬挑选体格健壮，无伤病，规格基本一致的当年产鲤鲫"寸片"鱼苗，投放到稻田时，鱼种体长 3~4 厘米。此时禾苗已经生根固定，分蘖整齐，推荐放养密度为每亩 350~800 尾。苗种用尼龙袋充氧运输，到达后整袋放入鱼沟中浸泡 15 分钟左右，然后再加入 3 倍左右的沟水到袋中，放入 0.6% 的粗盐水，浸洗鱼苗 3~5 分钟，使袋中水温与鱼沟中水温相差不超过 2℃，最后连鱼带水慢慢放入鱼沟中。

二、春片鱼种放养

　　早、中稻田放养水花或夏花，可在整田或插秧后放养；如果放养 3 寸（10 厘米）以上春片鱼种，须在秧苗返青后放养，主要是避免鱼种活动造成浮秧。晚稻田养鱼，只要耙田后都可以投放鱼种。双季稻田单养鲤鱼，每亩放养 10 厘米规格鱼种 200~250 尾。放鱼时要注意水温差，即运鱼的水温和稻田的水温相差不能大于 3℃，否则容易死亡。鱼种放养时要用 2%~3% 食盐溶液消毒鱼体 5 分钟左右。放养 50~100 克/尾规格鱼种，放养密度为 100~200 尾/亩，年底每亩可收获成鱼 100~150 千克（图 4-3）。

图 4-3　稻田养鱼收获成鱼

第四节　水稻栽培与管理

水稻栽培是稻田养鱼模式的基础，可从品种选择、稻田准备、规范种植和科学管理等多个方面确保水稻的产量与质量。具体栽培要求详见第二章。

第五节　饵料及饲料投喂

稻田养鱼既要种好水稻又要养好鱼，力争双丰收。因此，必须做好饲养工作，提高田鱼产量。

一、饵料种类

农家有机肥及稻草等还田后腐烂分解，使底栖生物、浮游生物大量繁殖，成为鲤鲫鱼的良好饵料。同时，掉在稻田里的谷子、草籽等也可直接供鲤鲫鱼食用。但毕竟稻田天然饵料是有限的，一般养殖时均应适当投喂人工饲料。饲养鲤鲫鱼鱼苗，以施有机肥或投喂豆浆等培育浮游生物为主；饲养鲤鲫成鱼，以投喂配合饲料为主，辅以米糠、酒糟、花生饼等农副产品下脚料。

二、合理投喂

日投喂量为鲤鲫鱼总重量的3%~5%，每次投喂以半小时吃完为宜。具体投饵量要视鱼的密度、水温、水质等而定，阴天和气压低的天气应减少投饵量。春季气温低，鱼规格小，应少投饵；7月到9月是鱼类摄食高峰期，鱼生长快，要相应多投饵；10月以后气温渐低，也应渐减投饵量；"双抢"期间，鱼集中在鱼凼、鱼沟，密度大，也要少投饵。

三、投喂方法

为了减少饵料散失和便于清除残饵，宜在鱼凼中间搭建一个水下食台。

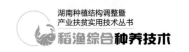
粉状饵料加水揉成团后投放在食台上，粉料不宜直接散投。每天 2 次，上午和傍晚各 1 次。投饵要定时、定量、定质、定点，坚持"四定"原则。

第六节　常见病害与防控技术

一、烂鳃病

烂鳃病十分常见，该病是由鱼害黏球菌引起的，该细菌寄生在染病鲤鱼的鳃部，致使患病的鲤鱼出现腮部腐烂的症状。烂鳃病多发生在夏秋两季，夏季是该病的高发期。在夏季，为了保证鱼池水体的相对无毒、卫生，应使用一定剂量的漂白剂对水体进行消毒。

烂鳃病的防治措施主要有：①使用生石灰清洗鱼池。在引进鱼苗时，使用生石灰认真清洗鱼池，并且定期对鱼池进行消毒处理。②在夏季烂鳃病的高发期，向鱼池中撒入适量的漂白粉进行消毒。③在鲤鱼烂鳃病高发、多发的季节，在鲤鱼的饲料中掺拌一定量的恩诺沙星或维生素 C、磷酸酯镁、盐酸环丙沙星预混剂药物，效果十分明显。

二、肠炎病

肠炎病也是在鲤鱼养殖的过程中常见的一种疾病，由细菌感染所引发。患病鲤鱼主要症状为腹部肿胀，外看有红色的斑点，其肛门红肿且外翻明显，按压病鱼的腹部，肛门处流出血脓。对染病已死的鲤鱼进行解剖，发现其腹部积水严重，肠管腐烂、破裂。

鲤鱼患染肠炎病主要与水体的卫生状况、酸碱性、氧气含量等因素有关，主要防治措施有定期更换池水，保证水质清新、溶氧充足；定期在稻田撒入生石灰，保持水体显弱碱性。

三、鳞立病

鳞立病又称竖鳞病，是由水型点状假单细胞菌所引发，是鲤鱼养殖过程中一种常见的疾病。患病早期的鲤鱼鳞片表面有脏物附着，体表脏乱，前部的鳞片竖起，向外翻，故称该病为鳞立病。

鳞立病主要与水质好坏、鱼体表伤口有关。在放苗、捕鱼时，要注意不要弄伤鱼体。在鳞立病高发的季节，及时更换水体；患病的鲤鱼，应将其捞出来，放入浓度较低的盐水中，有利于治疗鳞立病，防治该病扩散蔓延。

四、指环虫病

此病流行于 4~9 月，由指环虫大量寄生引起，病鱼鳃丝黏液增多，鳃瓣呈灰白色，鱼鳃浮肿，鳃盖难以闭合。从整体上看，鱼体色黑，十分消瘦，食欲不振，游动呆滞，直至死亡。夏花培育阶段和鱼种饲养阶段的早期，在水质条件较差的稻田中易发生，严重时，造成池养夏花鱼种大量死亡。

主要防治措施有两点：一是预防，鱼池水深 1 米，用生石灰带水清田，用量为 150 千克/亩左右，夏花鱼种放养时，用 1 克/米³ 的晶体敌百虫浸洗 20~30 分钟，能较好地预防此病。二是治疗，使用新型指环虫专用产品"三环绝杀"，每 50 千克饲料拌 600 克投喂。每天 2 次，连用 3~5 天。

第七节　关键问题及注意事项

一、饲养管理

稻田中虽有丰富的天然饵料，但天然饵料毕竟有限，不能满足精养高产稻田中鱼类摄食的需要。因此需要投喂米糠、麦麸、酒槽、醋糟、豆渣、混合饲料等，补充天然饵料的不足。一般每天可喂人工混合饲料 1 次，投喂量按鱼体重 3%~5% 计算。

二、水质调控

水的调节管理是稻田养鱼的重要一环，养鱼的稻田水位最好控制在 10~20 厘米。稻田养鱼灌水调节可分为 6 个时期：禾苗返青期，水淹过厢面

4~5厘米，利于活株返青；分蘖期，水淹过厢面2厘米，利于提高泥温分蘖，防杂草和夏旱；分蘖末期，沟内保持大半沟水，提高上株率；孕穗期，做到满沟水，利于水稻含苞；抽穗扬花期到成熟期，沟内一直保持大半沟水，利于养根护叶；收获期，水淹过厢面以上4~5厘米，利于鱼类觅食活动。晚稻收割后要尽量加深田水，养鱼稻田可以不晒田。

盛夏时期，水温有时候可达到35℃以上，要及时注入新水或者进行换水，调节温度。4~5月为了提高水温，鱼沟内应保持水深0.6~0.8米；随着气温升高和鱼类长大，水深可继续加深，8~9月水位可提升到最大。4~6月每隔15~20天换水1次，每次换水1/5~1/4；7~9月，每周换注水1次，每次换注水1/3，以后随气温降低而减少换注水次数。为防鱼类生病，每隔15~20天需每亩用生石灰15~20千克化水全池泼洒。平时要注意清理维修进出口的栅栏设备，若发现田埂倒塌和缺口，有漏洞情况，要及时修补堵漏。阴雨天要注意防止洪水漫过田埂，冲垮拦鱼设施，造成损失。

三、底肥施放和消毒

在3月底至4月初，边耕耙田土，边施肥，边放生石灰、茶枯进行消毒，每亩放生石灰25千克、茶枯15千克。首先施肥、放生石灰和茶枯，然后耕耙田土，使肥料、石灰、茶枯与田土混合，使肥料、石灰渗入土壤中，以提高效用，达到彻底杀灭虫害的目的。一般每亩施农家肥（猪、牛、马粪）500~750千克，然后灌水，整平田泥，等待栽秧。

在养鱼稻田里合理用肥，既能使水稻增产，也能培养水体中的生物，给鱼提供丰富的食物。插秧前，施足底肥，一季稻不再施追肥，再生稻为保证其产量，可在8月中下旬收割头季稻后的5~10天，分1~2次施追肥。施用追肥时，宜少量多次，先排浅田水，使鱼集中到鱼沟中，然后再施肥，让肥料沉于田底层，等到水稻和田泥吸收一定量后，再加水至正常深度。追肥可采用每次施半块田，1周后再施另一半的轮施法。追肥以农家肥为主，每5~7天每亩投放猪、牛粪40~50千克，或大粪液30千克肥水肥田。追化肥，一般每亩稻田使用尿素 4.5~5 千克或硫酸铵 6~7 千克，或施过磷酸钙 4~5 千克。

四、农药施用

稻田养殖鲤鲫鱼可显著减少农药施用量。施农药时，粉剂应在早晨露水未干时喷洒，水剂应在中午露水干后喷洒，尽量将药物喷洒在水稻茎叶上。稻田中消灭病虫害的农药以高效低毒、低残留、广谱性的较好，应多用水剂，少用油剂和粉剂。养鱼稻田的鱼一般为杂食性或草食性，因此养鱼稻田一般不使用除草剂。下雨或雷雨前禁止喷洒农药，否则农药会被水冲进田水中，容易使鱼中毒。此外，为避免引起鱼类药害，可把鱼集中在鱼凼后再施农药，或采取分段、隔天及注水三结合的施药法，就是把一丘田分成两段，一段靠近进水口，一段靠近出水口，第一天先施进水口一段，把鱼赶到出水口一段；第二天进水口灌水，把鱼赶到进水口去溯水，再施出水口一段，并且打开出水口放水，进水口继续灌水，直到田水中带药的水放完为止。

五、早晚巡田

早晚巡田，记录好水温、鱼群活动情况、鱼病死亡情况、投喂饵料、粪肥、渔药的数量和次数等。还需随时清理鱼害，防止群鸭下田。

注意水温、水位的变化，当水温上升到 30℃ 以上时，应及时灌注新水降温。高温时不投饵料，同时最好在鱼沟上方搭支架盖遮阳网。注意控制鱼沟、鱼凼和稻田水位，如有搁浅的鱼要及时捡入鱼沟内，保证有一定的深度和水流畅通。天旱须随时灌溉，暴雨天气要防止洪水漫埂、冲毁拦鱼栅，发现田埂漏塌要及时堵塞、夯实，注意维修进出水口的拦鱼栅。

第五章
稻田养殖鳝鳅实用技术

邓时铭

第一节　鳝鳅的生活习性

一、黄鳝的生活习性

黄鳝（图5-1）外形像蛇，个体细长，全身布满大小不一的黑色斑点，体色多呈黄褐色，有时候因生活环境不同而略有差别，如背部颜色有黄色、棕黄色、青黄色、泥黄色等，腹部颜色较淡，有点偏白。

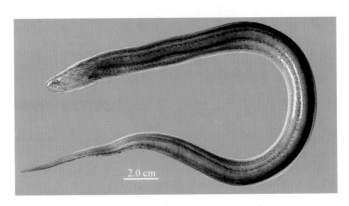

图5-1　黄鳝（*Monopterus albus*）

黄鳝作为底栖鱼类，适应能力强，在河道、湖泊、沟渠及稻田中均能生存，尤其喜欢在腐殖质多的泥底、偏酸性水域的环境。

黄鳝生长的适宜温度为15℃~28℃，最适宜温度为22℃~25℃。水温升到15℃以上开始出洞觅食，水温低于10℃时，停止摄食，并钻洞越冬。夏季水温超过30℃时，黄鳝钻洞避暑。

黄鳝食性广，以动物性食物为主，如大蚯蚓、昆虫、蝌蚪、幼蛙、小泥鳅、枝角类、桡足类、藻类、小虾、小鱼等。人工驯化后，也采食植物性饵料或配合饲料。

不同生长阶段的黄鳝，其食性也不同。稚鳝主要以食摇蚊幼虫和水生寡毛类为主，幼鳝主食水生寡毛类、摇蚊幼虫、昆虫幼虫和硅藻。成鳝主食摇蚊幼虫、水生寡毛类、昆虫幼虫和蚯蚓。饥饿条件下，甚至有大吃小和吞食鳝卵的现象。

二、泥鳅的生活习性

泥鳅（图5-2）多栖息在静水或缓流水池塘、沟渠、湖泊、稻田等浅水水域，有时喜欢钻入泥中，所以栖息地往往有较厚的软泥。泥鳅对环境适应能力强，在天旱水干或遇不利条件时，钻入泥层，只需稍有湿气和少量水分湿润皮肤，就能维持生命。

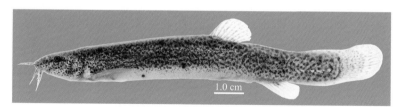

图5-2　泥鳅（*Misgurnus anguillicaudatus*）

泥鳅喜阴怕阳，喜浅怕深，白天潜伏在光线微弱的水底，栖息地多为淤泥层较厚的浅水区，傍晚出来摄食，不喜强光，人工养殖时往往集中在遮光阴暗处，或者躲藏在巢穴中。

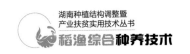

泥鳅食性为杂食性，偏动物性饵料，摄食方式为半主动式。饵料种类主要有原生动物、轮虫、枝角类、桡足类、绿藻、硅藻等浮游生物和摇蚊幼虫、水蚯蚓、细菌等底栖生物和有机碎屑、杂草嫩叶等。人工可投喂水生昆虫、蛆虫、螺肉、蚌肉、畜禽下脚料、野杂鱼鱼肉、麸皮、米糠、豆粕、豆渣、谷子、嫩草、菜叶等饲料。人工投喂时间多为日落后的傍晚至半夜间，也可驯食在白天投喂，投饵点宜在幽暗安静处。

第二节　稻田前期准备与改造

稻田养殖鳝鳅，稻田就是其生活和生长的场地，因此在养殖前必须选好田块，建设好田间，备齐一切设施。

一、稻田选择

保水性能好，黏性土壤，田埂坚实不漏水，稻田环境和底质符合 GB/T 18407.4 规定。水源充足，水质清新，无污染，水量充沛，排灌方便。水源水质符合 GB 11607 规定，养殖用水符合 NY 5051 规定。

二、田埂改造修整

鳝鳅有一个共同特性就是喜钻泥。因此，养殖鳝鳅的稻田应先对田埂进行改造修整。加宽加高田埂，田埂高度超出稻田水面 50 厘米以上，田埂底部宽度 50~60 厘米，田埂面宽度 40 厘米左右，夯实田埂，严防田埂被打洞。

三、开挖田沟、田坑

稻田养殖鳝鳅，既要种植水稻、茭白等经济水生作物，又要养殖，两者都要兼顾，所以必须开挖好鱼坑、鱼沟，以便水生经济作物在烤田、施肥、施药或高温时，鳝鳅有个躲避的场所。同时开挖鱼坑、鱼沟有利于捕捞鳝鳅。

鱼坑又叫鱼溜、鱼窝，一般在稻田种植前开挖。鱼坑可开在稻田中央、田角或田边，有方形、圆形等，大小和数量可根据稻田面积和形状而灵活把控。一般鱼坑 6~8 平方米，深 50~60 厘米，总鱼坑面积约占稻田面积的 10%。

鱼沟可以与鱼坑一起开挖，也可在种植后开挖。在离田埂内侧 1 米左右开挖环沟，沟宽 50~80 厘米、深 30~50 厘米。稻田中央挖田沟，十字形或井字形，宽 30~40 厘米、深 30~40 厘米，与环沟相通。鱼沟总面积占稻田面积 7%~10%。鱼沟和鱼坑相连，做到沟沟相通，沟溜相连。

四、设置防逃设施

稻田进排水口成对角安置，并安装双层网，外层用密目聚乙烯网，内层用密目铁丝网做成拦鱼栅。

田埂用塑料薄膜包覆，塑料薄膜高 100 厘米，埋入土内 20~40 厘米，用木桩或竹桩固定，四角呈圆弧形。既可防雨水冲垮田埂，又可防鳝、鳅、田鼠、水蛇等打洞。

五、稻田翻土深耕

稻田栽种水生经济作物前必须翻土深耕，深度达到 20 厘米左右，既可促进水生经济作物根须生长，又可为鳝鳅钻洞、钻泥提供条件，提高黄鳝、泥鳅的成活率和产量。

六、施基肥

稻田整理完毕，鳝鳅放养前 1 周，稻田中可施加大量基肥。基肥是将家禽粪肥、绿肥堆肥等堆沤发酵 10~15 天，发酵腐熟后每亩施 400~800 千克，用机器翻耕耙匀，一次施足量。这样可为水生经济作物提供养分，为鳝鳅培养充足的天然饵料。

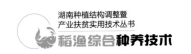

第三节　水生经济作物栽种与管理

稻田可种水稻、莲藕、茭白、慈姑等水生植物，然后放养鳝鳅，这样不仅不影响作物的产量，还可提高水田的综合产出和整体效益。

一、栽培方法

（一）水稻

1. 品种要求

选择通过国家或地方审定并在当地示范成功的优质、高产水稻品种，种子质量符合 GB 4404.1 规定；水稻茎秆坚韧，耐肥力，抗倒伏；水稻秧苗分蘖快，抗病能力强，病害少；以免耕、抛苗种植为最佳。

2. 栽种密度

采用条栽与边行密植相结合、浅水栽插的方法。早稻栽插行距为 12~14 厘米，株距为 14~15 厘米；单季粳稻行距为 23~24 厘米，株距为 12~15 厘米；杂交粳稻行距为 24~27 厘米，株距为 12~14 厘米。

（二）莲藕

我国莲子以湖南省湘潭县产的湘莲（图 5-3）、福建建宁县产的建莲、浙江武义县宣平产的宣莲以及江西广昌产的赣莲最为著名，它们被称为中国

图 5-3　湘莲

的四大莲子。其中又以湘莲最有特色，历来作为进贡朝廷的珍品，故又称"贡莲"，被誉为"中国第一莲子"。后来人们逐渐扩大四大莲子的范围，湖南所产莲子都称为"湘莲"。

稻田养殖适宜栽植的莲藕为子莲和藕莲，宜浅水生长，主要品种有寸三莲、芙蓉莲、太空莲等。莲藕宜选择土质疏松、肥沃、富含有机质的田块种植。深翻田块，施足基肥，除尽杂草。

从春末到立夏，水温不低于 15℃ 时栽种莲藕。莲藕种植可分单支排种和双支排种，单支排种行距为 1.5~2 米，株距为 0.7~1 米。双支排种行距为 2 米，株距为 1.5 米。栽植的是种藕要随挖随栽，防止藕芽干萎。莲田四周边行的种藕，芽头全部向田中心方向，以免莲藕的地下茎长到田埂下。

（三）茭白

茭白有单季茭白和双季茭白，单季茭白一般在春节栽植，秋季采收，主要品种有八月茭、象牙茭、寒江茭；双季茭白一种是春季栽植，当年秋季产量最高，另一种是夏秋季栽植，第二年夏季产量最高。对于黄鳝或泥鳅来讲，无论单季还是双季均可养殖。

单季茭白 4 月上中旬栽植，行距为 70~80 厘米，株距为 60~70 厘米，栽植的深度以老根埋入泥中 10 厘米即可，选择风小的下午 3 点到 4 点栽种；双季于 7 月下旬至 8 月上旬天气最炎热时栽种，选择无风阴天的下午 3 点到 4 点以后栽种，行距为 40~50 厘米，株距为 30 厘米左右，栽植的深度以老根埋入泥中 15~18 厘米为宜。

由于茭白吸肥强，稻田不宜连作茭白，一般都是 2~3 年轮作 1 次。

二、水生经济作物的管理

（一）田间巡逻

观察鳝鳅活动、觅食、生长等情况和水生经济作物的长势，排查稻田各种基本设施，密切关注天气变化，综合分析巡查观察情况。如巡查时发现问题，则立即处理。

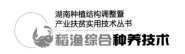

（二）巧施追肥

追肥应根据稻田水生经济作物的长势和水质情况灵活施加。施有机肥时，每次每亩施 50~100 千克；施化肥时，以钾肥为主，每亩每次施 3~5 千克。施放总原则是少量多次。如果田沟水呈浓绿色，则表明过肥，不宜施肥。

施追肥时，先排浅稻田水，让鳝鳅集中至鱼沟、鱼坑，然后全田普施，0.5~1 小时后再逐步加水到正常水位。如追施化肥，也可将化肥拌土，制成颗粒肥或球肥，直接施到水生经济作物根部，这样肥效好，对水体鳝鳅危害小。

（三）正确施用农药

水生经济作物发生病害时，宜选用高效、低毒、低残留的农药防治，正确掌握使用的浓度、时间与方法，不可任意提高农药浓度和施药次数。

在施农药前，加深稻田水 15 厘米以上，或者是一边进水一边出水，以减少水中农药的浓度。粉剂农药宜在早上露水未干前喷施，水剂农药宜在露水干后喷施，喷嘴斜向水生经济作物的叶面，尽量将农药喷在叶子上，并尽可能分片施药。施药后要及时换注新水。

第四节　鳝鳅苗种选择与放养

一、苗种选择

（一）黄鳝苗种

应选择体质健壮、无病无伤的黄鳝作种苗，可从以下几个方面来挑选。

1. 逆水能力

搅动水产生旋涡，沿旋涡边缘逆水游动的鳝苗为优质品，卷入旋涡的鳝苗为劣质品。

2．顶风游动能力

将鳝苗放到白色瓷盆中，口吹水面，顶风游动的鳝苗为优质品，游动迟缓或卧伏水底的鳝苗为劣质品。

3．体表与肥满度

体色亮，大小规格整齐，体表无伤、无寄生虫的鳝苗为优质品；体色无光，色调不匀，身体瘦弱，似松针，行动呆滞，受惊行动不敏捷，体表有伤或有水霉病菌寄生的鳝苗为劣质品。

4．体色选择

黄鳝体色大概分为三种：第一种为黄色，黄色中夹杂大斑点，生长速度最快，为养殖最佳品；第二种体表为青灰色，生长速度一般；第三种体表为灰色，斑点细而密，生长速度缓慢。

（二）泥鳅苗种

稻田养殖泥鳅，宜选择体长 3 厘米及以上的鳅苗。养殖体长 3 厘米左右的当年鳅苗，第二年可以上市；养殖体长 5~7 厘米、体重 1~3 克的鳅苗，当年可以捕捞上市。

判别泥鳅苗的优劣，可以从以下几个方面来进行：

（1）受精率、孵化率高的批次，鳅苗体质较好，为优质品。

（2）体色鲜嫩，体形匀称、肥满，大小一致，游动活泼的鳅苗为优质品。

（3）吹动水面，顶风、逆水游动的鳅苗为优质品。

（4）沥去盛苗瓷盆中的水，能在盆底剧烈挣扎，且头尾弯曲严重的鳅苗为优质品。

（5）搅动水体，能溯水游动的鳅苗为优质品。

二、苗种消毒处理

为减少病患损失，黄鳝、泥鳅入田前须消毒处理。常规药物为漂白粉、硫酸铜和食盐，具体操作方法见表 5-1。

表 5-1　常用消毒药物的使用方法

药物	使用浓度（毫克/升）	消毒时间（分钟）	消毒方法	用途
漂白粉	10~20	10~15	浸泡	杀菌
高锰酸钾	10~20	10~15	浸泡	杀菌
硫酸铜	8	10~15	浸泡	杀灭寄生虫
食盐	3%~5%	10~15	浸泡	杀菌驱虫

备注：消毒时间灵活掌握，在消毒过程中密切关注鳝鳅的情况，如有异常，立即终止消毒。

三、放养时间

由于各地气候存在一定的差异，所以鳝鳅的放养时间也有所不同。总的原则是要坚持早放，要求做到"早插秧，早放养"。一般在栽种水生经济植物后 10 天左右，待苗成活返青，加注适量新水即可放养鳝鳅苗。黄鳝一般放养时间为 4 月到 5 月初和 8 月到 9 月初，不是繁殖季节，易成活。选择上午 8 时到 9 时或下午 4 时到 5 时为宜。

四、放养密度

同一稻田养殖的鳝鳅，宜选择规格一致、体质健壮、无体表伤、无寄生虫的同一批次鳝鳅苗种。稻田放养密度一般根据养殖技术、水源条件、生态条件等综合情况来决定。

稻田放养规格为 4~5 厘米泥鳅种 1.2 万~2 万尾/亩，重 12~15 千克/亩，再搭配适量的鲢鳙鱼或草鱼。40~50 克/尾鳝种放 1000~1500 尾/亩，重 40~75 千克/亩，搭配适量泥鳅和鲢鳙鱼或草鱼。

莲藕生长季节比水稻长，且种植中的水也较深，所以藕田养殖周期长，放养规格可以适当降低，放养密度可适度提高。可选择大小一致的 3~4 厘米泥鳅苗，每亩放 2 万~2.5 万尾，重 15~20 千克。20~25 克/尾的鳝种放 3500~4500 尾/亩，重 70~100 千克/亩，搭配适量泥鳅和鲢鳙鱼或草鱼。

茭白田鳝鳅放养规格宜大。单季茭白田，泥鳅放养规格 5 厘米左右，放 1.5 万 ~2.0 万尾/亩，黄鳝 30~40 克/尾放 1200~1500 尾/亩。双季茭白田，泥鳅规格 3~4 厘米，放 2 万 ~3 万尾/亩，黄鳝 20~30 克/尾，放 1500~2000 尾/亩，一次放足量，分批次捕捞上市。

五、注意事项

鳝鳅为无鳞鱼类，体表黏液多，是防病、抗病的第一道防线。因此，放养鳝鳅时一定要保护好其体表黏液。放养运输回的鳝鳅时，田间水温与运输水温之差不宜超过 3℃，以防感冒。黄鳝养殖宜搭配适量泥鳅。

第五节　养殖管理

稻田养殖鳝鳅，既要养好鳝鳅又要种好水生经济作物，力争双丰收。因此，必须切实做好饲养管理工作，有效地控制鳝鳅疾病，加快生长速度，减少养殖投入量，增加经济效益。

一、投饵管理

（一）饵料种类

稻田天然饵料是有限的，除放养密度小的稻田外，一般养殖时均可合理地投喂饵料。黄鳝泥鳅虽为杂食性鱼类，但在养殖过程中为了能使其健康快速地生长，可投喂以动物性饵料为主，植物性饵料为辅的人工饵料（动物性和植物性原料的比例为 3：2），蛋白含量 30% 以上。开始可以用鱼粉、豆饼粉、玉米粉、麦麸、米糠、畜禽加工下脚料作为饲料，可将饲料捏成团投喂。然后在饲料中逐步增加配合饲料的比重，配合饲料安全限量应符合 NY 5072 的规定。

（二）合理投喂

日投喂量为黄鳝泥鳅总重量的 3%~5%，每天投喂食物以半小时吃完为宜，超过 1 小时未吃完应减少投喂量。水温高于 30℃、低于 10℃时不投喂。阴天和气压低的天气应减少投饵量。

（三）投喂方法

为了减少饵料散失和便于清除残饵，宜在鱼坑中间搭建一个食台，粉状饵料加水揉成团放食台上进行投喂。每天 2 次，上午和傍晚各 1 次。做到定时、定位、定质、定量的"四定"原则。

二、日常管理

（一）加强巡逻

鳝鳅放养到稻田后，应经常到田间巡查，观察其活动、觅食、生长等情况，检查防逃设施，密切关注天气变化，确定每日投饵量。如巡查时发现鳝鳅有问题，须立即处理。

（二）水质管理

稻田水位均保持在 10~15 厘米。每隔 1 个月左右用漂白粉全田遍撒 1 次，浓度为 1 克/米³。当水温超过 35℃时，可采取注水的方式提高水位或者适量换水来降温，或者在鱼沟、鱼坑上方搭建高为 1 米左右的遮阳棚，或者在鱼沟、鱼坑里栽种适量浮萍，以免水温太高（图 5-4）。

图 5-4 在鱼沟、鱼坑上方搭建遮阳棚

（三）防逃除敌

稻田养殖鳝鳅，最大的风险就是鳝鳅逃逸，严重时全部逃光，一尾不留。因此，稻田养殖的防逃工作非常重要。日常工作中常巡查，发现田埂坍塌或有洞穴、拦鱼栅栏破损或堵塞，须立即修复。打雷下雨时，则应增加巡查次数，确保田水不溢出。一旦发现水蛇、水老鼠、水蜈蚣、乌鳢、鳜鱼等敌害生物，要及时清除、驱除。

第六节　疾病生态防控技术

稻田养殖鳝鳅，既要有效地防控疾病的发生与发展，又要使水产品质量达到《农产品安全质量无公害水产品要求》（GB1840）要求，要从维护良好的水生态环境、加强饲养管理、提高鳝鳅免疫力三个方面来进行疾病防控。只要做好预防工作，疾病就会很少发生。

一、维持良好的生态环境

（一）水源、水质

作为健康养殖的水源条件，应远离排污口，水源充足，水质清新，水温适宜，无污染，无有害有毒物质，水质符合鳝鳅生活要求，并不受自然因素及人为污染的影响。水源水质应符合《渔业水质标准》（GB11607）和《地表水环境质量标准》（GB3838），引用地下水进行养殖时，水质应符合《地下水环境质量标准》（GB/T14848）。

养殖水体要求水质干净，无污染，无有毒有害物质，溶解氧丰富，符合《无公害产品　淡水养殖用水水质》（NY5051）。

（二）稻田条件

养殖稻田应远离农业、工业、医院生活污染处，周围空气质量应符合《环境控制质量标准》（GB3095）的规定，土质要求符合《土壤环境质量标准》（GB15618）和《无公害产品　产地环境》（GB/T 18407.4）要求。

根据实际生产和管理能力，科学规划，合理布局。稻田要求避风向阳开

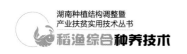
挖鱼沟、鱼坑，面积 3~10 亩，可选择低洼稻田。养殖期每隔 15~20 天用生石灰消毒处理，使用浓度为 20~25 克/米^3，全田喷撒。

二、科学饲养

科学喂养与管理鳝鳅，不但能加速其生长速度，降低养殖成本，提升养殖效益，还可提高鳝鳅机体的抗病能力，有效预防疾病的发生。

（一）科学放养

选择同一来源、同一批次、同一规格的健康鳝鳅苗种，按照一定的养殖密度放养于同一稻田。这样不会带来新的病原体，避免交叉感染。

根据鳝鳅的生活习性，搭配适量对其有益的水产品种，如鲢鱼、鳙鱼等，维持养殖水体生产者、消费者、分解者动态平衡，保持良好的水质环境，达到生态健康养殖的目的。

（二）定期消毒

养殖工具是病原体传播的途径之一，条件允许的话，最好每个稻田配备一套专用工具，所用工具每月消毒 1~2 次。用高锰酸钾 100 毫克/升浸泡 3 分钟，或用 5% 食盐水浸泡 30 分钟，或 5% 漂白粉溶液浸泡 20 分钟，或太阳曝晒 30 分钟。

（三）水质调控

根据天气、水质、水温和放养量等条件灵活掌握。水肥或天气干旱、炎热时，加水次数和加水量可适当增加。加注新水要在喂食前或喂食 2 小时后，加水时间不宜过长。加注新水可改善水质，有利于浮游生物更新换代，对疾病的预防有一定的作用。根据稻田水质的情况，科学地选用适宜微生物制剂进行水质改良，保持水质的肥、活、嫩、爽。水质过肥，选用硝化细菌；水质较瘦，选用光合细菌。

（四）日常巡田

坚持早、中、晚定期巡塘，认真观察水质、鳝鳅活动与摄食等情况，随时检查栏网设备，及时捕杀敌害生物，以确保健康生态养殖良好进行。

每天定期巡田，仔细观察稻田四周，及时清除密网上及稻田四周的垃圾，堵塞洞口，防止鳝鳅逃逸。如发现鸟类啄食泥鳅（图5-5），应及时驱赶。

图5-5　摄食稻田泥鳅的鸟类

三、选择健康无病的苗种

健康无病苗种不带或少带病原体，在养殖生产过程中对病害的抵抗能力强，发病率低。因此，选择无传染病病原体携带的鳝鳅作为亲本，并将亲本、人工繁育池、受精卵、养殖用水、生产工具等进行严格消毒，种苗培育过程中投喂高质量饲料，不滥用防治药物，并进行严格的检验检疫和消毒程序，保证鳝鳅苗种健康。

购买外地苗种时，有条件者应进行检验检疫，并暂养5~7天，抽样检查苗种正常后方可下田。养殖过程中，生产管理者还需定期、主动地检测水质变化情况，采样抽查鳝鳅生长发育情况，查看饲养动物是否出现病理变化等情况，做到及时掌握环境条件、活动情况，做到有病早治、无病早防，杜绝病原体的传播。

第七节　捕捞与运输

稻田养殖鳝鳅的捕捞季节一般在秋季。常见的捕捞方式有以下几种。

一、黄鳝的捕捞与运输

（一）流水捕鳝

利用黄鳝喜在微流清水中栖息的特性，采取人为控制微流清水的方法捕鳝。此方法简单易行，首先将稻田水缓慢排出 1/3~1/2，晚上再从进水口放入微量清水，出水口继续排出与进水口相等的水量，在进水口放网箱，定时起网，捕捞率可达 50%~60%。

（二）诱捕

捕捞幼鳝，可将内有适量饵料的草包放置投饵处，待幼鳝慢慢钻入草包后，用抄网抄取草包即可。也可每平方米水面放 3~4 个已干枯的老丝瓜，15~30 分钟后，幼鳝会自行钻入丝瓜内，抄网抄取丝瓜，即可捕捞幼鳝。

在鱼沟、鱼坑的水底放置 1~2 平方米的细网眼和网片，将黄鳝喜欢吃的饵料（如碎螺、蚯蚓）撒入网片中，并在饵料中加盖少许芦席或草包，15~20 分钟后将网片的四角同时提出水面，掀开覆盖物即可。用饵料诱捕黄鳝，最好在夜间进行，并在投饵期内。

（三）排水捕捞

每年 11 月到 12 月，黄鳝开始越冬穴居，这时也是大量捕捞黄鳝的好季节。先将稻田中的水排干，待泥土能挖成块时，翻耕底泥，将黄鳝翻出拣净，按大小分开暂养待售。种鳝和鳝苗应及时放养越冬，以利于明年生产。

（四）运输

黄鳝运输最常用的方法有带水运输法、干湿运输法。

1. 带水运输法

带水运输容器有帆布袋、木桶、水缸等。容器内先装曝气 1~2 小时后的新鲜水 1/3~1/2，然后放入黄鳝，同时，在容器内放几条泥鳅，可使黄鳝适当活动，又可减少黄鳝的互相缠绕，还可增加容器中水的溶氧量。在运输容器上面要加盖网片，防止黄鳝跳出，还可通气。为防止水温过高，可在覆盖的网片上加放一点冰块，使溶化的冰水逐渐滴入运输水中，达到降温的作用。如运输时间超过1天，每隔3~4小时需翻动黄鳝1次，以防黄鳝缺氧窒息。带水运输黄鳝适用于较长时间的运输，成活率较高。

2. 干湿运输法

干湿运输法便于搬运，运输容器体积小，黄鳝不受挤压，运输时间长，成活率可达95%左右。

（1）木箱、木桶运输。在木箱或木桶容器的底部铺垫一层较湿润的稻草或湿蒲包，再将黄鳝装入容器内。黄鳝数量不宜太多，以防被压死、闷死。另外，用木箱、木桶装运时，在容器四周打几个洞孔，便于通气。每隔3~4小时用清水淋1次，以保持鳝体皮肤具有一定的湿润性。夏季运输时还要注意降温，可直接在鳝体上洒一些凉水，或在装鳝的容器盖上放些冰块。

（2）用尼龙袋运输。采用尼龙袋充氧运输黄鳝，灵活机动，便于堆放和管理，运输成活率高，密度大，适合各种条件下长途或短途运输黄鳝。

将黄鳝放入0℃的水中，约10分钟后，待黄鳝处于昏迷状态时，将其装入尼龙袋中，每袋装10~15千克，同时装进10千克10℃左右的干净水，立即充氧封口，装车。这种方式运输时间不能超过48小时，待黄鳝苏醒后才能倒入木桶或水缸中冲水。

（3）竹篓运输。利用竹篓运输是我国农村最常用的方法。小竹篓一般可存放黄鳝2~3千克，稍大一些的竹篓可放4~5千克。竹篓内先放少量湿润的水草，再倒入黄鳝和几尾泥鳅，盖好盖子即可。运输过程中，每隔2小时可用清水淋洗1次，保证黄鳝体表湿润。

二、泥鳅的捕捞与运输

（一）诱饵笼捕

诱捕时常将炒香的米糠、麸皮或螺蛳肉放入地笼中进行诱食，常用的地笼有小型的地笼网，泥鳅可进不可出。或者用麻布袋自制地笼，其制作方法是用小竹片将一只没有破洞的麻布袋口固定并撑开，袋内放少量树枝和少量饵料即可。一般是在傍晚将地笼放入鱼沟或鱼坑中，第二天早晨收。放笼多少视稻田泥鳅数量多少来定。此方式捕捞效果好，泥鳅不受伤。

（二）抄网捕捞

1. 排水干捕

在稻田水生经济作物成熟的季节，待收割完可排干稻田水后捕捞泥鳅。排水时，先缓慢排干一部分水，让稻田表面露出，这样可以让泥鳅全部自行回到鱼沟、鱼坑，1~2 天后再缓慢排干鱼沟水，让大部分泥鳅自行回到鱼坑，再用手抄网捕捞，然后用铁丝抄网连同部分淤泥一起抄捕，最后可用手捕捉鱼坑淤泥中的泥鳅。

2. 灯光照捕

晚上用灯光照亮鱼沟或鱼坑，看到泥鳅后用手抄网抄捕，但用这种方式捕捞量不大。

（三）运输

鳅可以离水呼吸，用肠呼吸和皮肤呼吸，因此较一般鱼类而言，其运输相对容易。目前常用的运输方式有两种。

1. 干运

从水里捞取泥鳅，不加水，直接放入铺有湿水草的水桶、塑料箱或其他容器中，随后在泥鳅上方再铺盖一层湿水草，即可起运。此方法简单，运费低，适合近距离运输，运输时间不宜超过 3 小时。

2. 带水运

尼龙袋中加注 2/5 的水，装泥鳅，然后充氧气，用橡皮筋扎紧袋口，放入纸板箱内运输。此方法的优点在于装鳅容器体积小、装运量多，运输方便，成活率高，适合长途运输。

第六章
稻田养殖青蛙实用技术

徐永福

第一节　青蛙的生活习性

青蛙在动物学上指的是黑斑侧褶蛙（*Pelophylax nigromaculata*），俗名田鸡，属于脊索动物门、两栖纲、无尾目、蛙科、褶蛙属的两栖类动物（图6-1）。青蛙适于水陆两栖环境生活，多栖息于水草丛生的江河、池沼、溪流、水沟、湖泊、浅滩等低洼、潮湿的地方。昼伏夜出，日间常以身体悬浮于水中，仅头部露出水面，受到惊扰便潜入水中。晚间时，它们四处活动，觅寻食物。青蛙的生活离不开水，因其皮肤全部裸露，保水性能较差，所以必须保持潮湿，以进行皮肤呼吸，弥补肺结构的不足。另外，

图6-1　青蛙（黑斑侧褶蛙）

蛙类没有交接器，抱对、产卵、排精、受精、孵化和变态等必须在水中进行。青蛙有群居和定居的习性，常常是几只或十几只共栖一处。在适宜的环境里，一经定居，便不再搬迁或逃逸，除非在生殖季节，集体迁移到环境良好的产

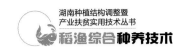
卵场所，进行繁殖活动，而繁殖后又会回到原来的栖息场所。

一、生活环境要求

（一）温度

青蛙是变温动物。在自然条件下，适合青蛙生长的温度为15℃~33℃，最适合的温度为25℃~33℃。水温超过35℃时，活动会明显减弱；气温降到25℃以下时，蝌蚪和蛙的活动逐步减弱，摄食量会不断下降；气温降到15℃时，则停止摄食和活动，钻入洞穴或潜入泥中，紧闭双目，不吃不动，进入冬眠状态，翌年早春温度回升至15℃左右时结束冬眠。

（二）湿度

湿度是青蛙生存、生长的一个重要因素，青蛙为水陆两栖动物，虽然可以离开水体，较长时间在陆地上栖息、摄食，但需要高湿度，不能一直在干燥的陆地上生存。栖息地为有水的池塘，还要有一定的水草生长，环境温暖潮湿。

（三）光照

青蛙昼伏夜出，平时喜欢在向阳、有阴的草丛中栖息。怕阳光直射，趋弱光。光照对蛙体新陈代谢、生长、生殖均有促进作用。适当的光照可以提高受精卵的孵化率、蝌蚪变态的速度以及蛙的生长率和繁殖率。

（四）水质

青蛙一生都离不开水，水质的好坏直接影响其活动和生长繁殖。青蛙的卵在水中孵化，蝌蚪在水中生活，用鳃呼吸；成蛙、幼蛙虽然用肺呼吸，直接从空气中得到氧气，但其皮肤仍有辅助呼吸的作用，水中的溶氧高，对其有良好的作用。一般受精卵孵化时所需的含氧量为3.5~4.5毫克/升，蝌蚪生长期所需的含氧量高达5~6毫克/升；而幼蛙期和成蛙期因进行肺呼吸，能呼吸空气中的氧，所以水中溶氧量可低到1.5~2.5毫克/升。

二、青蛙的食性

（一）蝌蚪的食性

蝌蚪是杂食性的，不同发育阶段所摄食的饵料不同。孵化后3~10天的小蝌蚪主要摄取水中的甲藻、绿藻、蓝藻等。孵化 10 天之后到出现后肢前，以摄食植物性食物为主，也吃动物性食物。从后肢出现到前肢出现、尾部消失变态成幼蛙之前，摄食水中大的水蚤、水蚯蚓、小鱼等，也摄食大的鱼肉块等，这个阶段以肉食为主，也吃较大的植物碎屑。

（二）幼蛙及成蛙的食性

幼蛙与成蛙的食性一样都是肉食性的。天然状态下一般捕食蝗虫、稻螟虫、稻虫蝉、稻蝽象、蝼蛄、金龟子、蝶蛾、蜻蜓、甲虫等水稻害虫，蚯蚓、黄粉虫、蝇蛆以及小鱼虾等，也可以吞食鱼肉块及鸡、鸭、鱼的内脏；在人工养殖状态下，也可以摄食人工配合饲料。

三、青蛙的活动特点

蝌蚪喜欢生活在静水中，一般栖息在水底。蝌蚪发育要求有较高的水温，水深以 10~15 厘米为宜。青蛙喜安静，幼蛙和成蛙一般在陆地或食台上栖息，当皮肤干燥时，会潜入水中游水，稍后又爬上陆地或食台，人工养殖时，一定要有足够的陆地供其栖息。

蛙虽然喜欢群居，但群内互相残杀的现象相当严重，在人工养殖时，常发生大蛙吃小蛙的现象，尤其是饲料投喂不足、气候变化前后及生病之时。因此，从蝌蚪期开始，就要保证充足的投食量，尽量使蝌蚪生长一致，从而保证蝌蚪变态成幼蛙上岸时个体大小尽量均衡。

四、冬眠

当冬季气温降至 15℃以下时，青蛙便蛰伏穴中或淤泥中，双目紧闭，不食不动，呼吸和血液循环活动都降到最低限度，进入冬眠状态，至第二年春天气温回升到 15℃以上时苏醒过来，结束冬眠。由于不同的地方气温高低有别，冬眠的时间也不尽相同。

第二节　稻田前期准备与改造

一、稻田的选择

养蛙稻田要求水源充足，水质良好，保水性强，田间排灌渠道完善，光照良好。此外，为满足青蛙的生长要求，田间最高水温不可超过37℃。稻蛙所在地区气温高于20℃的时间需不少于110天。

二、稻田改造

（一）田块面积

稻蛙种养田块面积不宜太大，也不能太小，每个单元养殖田块以1000平方米最合适。面积太大不利于蛙的生产管理，首先不好控制蛙的密度，数量太多易造成局部密度过大，使蛙易发生病害，同时，相对食台面积太小，不利于蛙的吃食生长；数量太少又不好驯食，难以达到预期产量，蛙排泄物不够，也不能很好地促进水稻的发育生长。而田块面积太小，基建成本过高不划算，开沟比例过大，占用耕地面积过多，不利于粮食生产。

（二）田间工程建设

将田块分成多个小块，每块田长约70米、宽约15米。首先加高加固田埂，要求达到高40~50厘米、宽30~40厘米，且要坚实牢固，不垮不漏。田块四周留约1.5米宽的食台，中间下挖30~50厘米作为蝌蚪期培育池和幼蛙期、成蛙期的栖息场所。进水口的田块上方铺设直径100~150毫米PVC明管，另一端建水管，尽量埋在池底，便于晒田期放干池水。田块土建完成后，将中间池底耕耙整平，每亩施基肥1000千克，基肥以发酵过的猪、牛粪最好。再全池进水，用生石灰消毒，每亩用量200千克左右。

（三）防逃防害设施的建设

蛙池之间设置隔离内围网，网目60目（图6-2）。围网一般高出地面1米左右，埋入地内30厘米，网片上端向内折约20厘米。为防止鸟类对蝌蚪和幼蛙进行捕食，整个养殖场还要用一层外围网将其与外界隔开，养殖区上方还需用防鸟网覆盖严实。另外还要做好防蛇、防鼠的设施建设，如沿围网外地上铺设电网，或在外围周边埋入一层50厘米高的彩钢瓦进行阻拦等。进排水管都要用80目网片封住管口，防止带进敌害生物和蛙逃逸。

图6-2　稻田养殖青蛙田间工程与天网

三、其他设施准备

（一）排灌机械

水泵是养殖场主要的排灌设备，青蛙养殖场使用的水泵主要有轴流泵、离心泵、潜水泵等。但无论使用何种水泵，都要罩上过滤纱网，以免伤蛙和蛙逃逸。养殖用水泵的型号、规格很多，选用时必须根据使用条件进行选择。轴流泵流量大，适合于扬程较低、输水量较大的情况下使用，离心泵扬程较高，比较适合在输水距离较远的情况下使用，潜水泵安装使用方便，在输水量不是很大的情况下使用较普遍。

（二）水质检测设备

主要用于池塘水质的日常检测，青蛙养殖场一般应配备必要的水质检测设备，以便随时监测养殖用水的一些理化指标，如溶氧、酸碱度、氨氮、亚硝酸盐等。

第三节　蛙卵的孵化与管理

一、种蛙的饲养与管理

（一）种蛙的选择

种蛙是人工繁殖的基础，种蛙的好坏直接影响产卵量和卵的受精率。

1. 体重

在进行人工繁殖时，要选择体重达 50 克的雌蛙及 40 克左右的雄蛙。此时雌雄蛙性腺已经发育成熟，而且产卵量高，卵的受精率也高。

2. 体质

种蛙要求体格健壮，皮肤色泽鲜艳，无伤、无病，雄蛙咽喉部有显著的声囊，前肢婚垫明显，鸣叫高昂；雌蛙要求腹部膨大、柔软，卵巢轮廓可见，富有弹性，用手轻摸腹部时可感到成熟的卵粒。具备此特点的种蛙，雄蛙抱对能力强，排出精液多；雌蛙产卵时排卵量多，而且精卵易于结合受精，其结合的受精卵也易孵出生命力强的蝌蚪。有伤病、皮肤无光泽、四肢无力、第二性征不明显的蛙均不宜作为种蛙。

3. 遗传特性

应该选择血缘关系远的雌雄蛙作为种蛙。血缘过近的雌雄蛙配对繁殖，不但受精率、孵化率低，而且蝌蚪畸形多，成活率低，更为严重的是蛙的个体往往变小，生长速度较慢，抗病力较差。尤其现在经人工驯化的蛙种已出现十分严重的退化现象，要求养殖户更要注重亲本蛙的选择。

4. 配比

选择种蛙时应注意雌雄性别比例。一般认为，群体小时雌雄比例为 1∶1，群体大时雌雄比例宜为（1~2）∶1。性成熟前的雌雄蛙难以从外形上区别，性成熟后的雌雄蛙则可根据一些特征来区分。

5. 选种时间

在外地蛙场选择种蛙时，以 10 月到 11 月为好。此时气温适宜，蛙的新陈代谢水平较低，便于运输。冬眠期间抵抗力弱，运输途中易生病。5 月到

10月，蛙的活动能力强，运输途中易受伤，此时不宜到外场选种运输。

6. 运输

在选择好种蛙后，可用塑料箱、木箱装蛙运输，其高度约20厘米，箱体大小视数量多少以及便于搬运而定。箱底铺上水生植物保湿，将种蛙放入纱布袋中，然后放入箱中。在运输途中每隔2小时洒1次水，以保持种蛙皮肤湿润，使其能正常呼吸，不至于窒息死亡。

二、种蛙的投放

在种蛙放养前10天，先清除池内杂物、残渣以及池底的淤泥，然后用生石灰或漂白粉消毒，以杀灭池中的敌害、病菌、病毒及寄生虫。清池消毒后要等7天，待药性消失之后才能放养种蛙。种蛙放养前用2%的食盐水或碘制剂浸泡10分钟，以清除附在种蛙身上的病菌、病毒和寄生虫，防止由种蛙带来病害。放养密度为每平方米放10只，雌雄比例以（1~2）：1为宜。在雄蛙太多时，雄蛙之间会因争夺雌蛙而厮杀；而雌蛙太多时，则会降低产卵率和卵的受精率。

三、种蛙的管理

（一）水质管理

应经常向种蛙池内注入新水，一般每周1~2次，并通过调节池中水位来保持适宜的水温（25℃~28℃），以促进性腺早日成熟和产卵排精。

（二）日常管理

每天早晚要坚持巡视种蛙池，及早发现种蛙是否发情、池内有无敌害，如果发现蛇、鼠，应及时捕杀。如果发现病蛙和受伤的蛙，要及时隔离治疗。

（三）饲养管理

种蛙入冬前期投喂的饲料要富含蛋白质，特别是富含赖氨酸和蛋氨酸的饲料，以促进种蛙性腺的发育成熟，增加雌蛙怀卵量，提高雄蛙的配种能力以及增加精子的数量和活力。一般日投料量为种蛙体重的2%，保证蛋白质和必需氨基酸的供应。每天可投料1~2次，每次以刚好吃完为准。

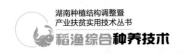

四、青蛙的人工繁殖

青蛙性成熟之后，只要温度在20℃左右，经水流刺激，雌雄蛙即会在水中自行抱对、排卵、受精，使精卵结合形成受精卵，并在水中孵化出蝌蚪。但是，孵化出的蝌蚪分散、不集中，蝌蚪大小不一，同时由于敌害吞食卵和蝌蚪，满足不了人工饲养对蝌蚪的大量需要。因此，必须进行人工繁殖，获取大量的蛙卵，集中孵化培育，得到量大质优、大小一致的蝌蚪。

（一）种蛙的抱对与产卵

当水温稳定在20℃时，个别发育早、身体健壮的雄蛙开始鸣叫；当水温升到28℃以上时，绝大多数雄蛙鸣叫，以寻找雌蛙。几天后，雌蛙也开始发情。在抱对时，雄蛙伏在雌蛙背上，雄蛙用前脚第一指的发达婚垫夹住雌蛙的腹部。经过1~2天抱对，开始产卵，同时雄蛙排精。雌蛙产完卵、雄蛙排完精子后，雄蛙即从雌蛙背部落下。抱对和产卵时应保持环境安静及水温、水位等稳定。

（二）人工孵化

1. 蛙卵的采集

在产卵季节，每天早晨巡查产卵池，发现卵团（块），及时采集。一般应在产卵后的30~60分钟进行，因为这时受精卵外的卵膜已充分吸水膨胀，受精卵已经转位，即动物极朝上，植物极朝下，从水面上可以看到一片灰黑色的卵粒。不能采刚产的卵，因为卵子还没完全受精，会影响受精率，孵化率低；但也不能长时间不采卵，以致卵膜软化，卵块浮力下降，沉入池底，造成缺氧窒息而死亡，同时还易受到天敌的吞食。

采卵时应注意以下几点：一是不能用网捞取，不能用手抓，也不能用粗糙的容器盛卵，以免使卵破损；二是将卵团移入孵化池时，动作要轻，而且倒出来时位置不能高于水面0.5米，以免卵团受到振荡，影响胚胎发育；三是不能将卵团相互重叠，以免胚胎因缺氧而停止发育；四是要尽量保持受精卵的动物极朝上，如果方位倒置，即植物极在上面，孵化率会降低；五是应将同一天产下的卵团放在同一孵化池中孵化，方便管理，成活率也高；六是产卵池、孵化工具中的水，以及孵化池中的水温度要保持一致，不能相差太大，不然会影响孵化。

2. 蛙卵的孵化

孵化密度要合理。放卵量和孵化率直接相关，一般每平方米可放卵4000~7000粒。放卵密度过大，容易造成缺氧，水也易变质，阻碍胚胎发育，降低孵化率。

最好采用微流水孵化。微流水含氧量较高，有利于蛙胚胎正常发育。每天换水1~2次，每次换去1/3~1/2的水。既排除了污物，保持水质清新，又保证水中有足够的溶氧量，水中的溶氧量不能低于3毫克/升。

保持优良的水质除应保持水中有足够的溶氧量外，还应将水温保持在25℃~30℃。低于25℃时，会减慢胚胎发育速度；高于30℃时，胚胎发育速度虽然加快，但产生畸形蝌蚪的机会增加。水的适宜pH为7~8，偏酸或偏碱的水不但会降低水中的溶氧量，而且还会使受精卵膜软化而受损，或被压扁，造成胚胎死亡。

应防止蛙卵受阳光直射。在孵化期间，要保证蛙卵离水面10厘米左右，水位太深水温低，卵块发育速度慢，也容易产生霉变导致孵化失败；水位太浅则易造成卵块脱水死亡。孵化期间要保持环境安静，防止水中敌害的危害。要切实防止蛇、鼠、蛙、鱼等进入池中吞食蛙卵。同一天采集的蛙放入同一个孵化池孵化，尽量使孵化出的蝌蚪大小一致。

第四节　蝌蚪的饲养管理

从刚孵出到脱尾长成四肢前的幼小蛙体，称为蝌蚪。按蝌蚪的发育特点和管理要求，一般将蝌蚪的生长阶段分为3个时期：刚孵出至7天为前期，7~20天为中期，20天后为后期。在饲养管理上应按照蝌蚪的生长条件采取有效措施培育蝌蚪。

一、蝌蚪放养前的准备工作

蝌蚪放养前应做好养殖池的消毒和池水中浮游生物的培育工作。

（一）养殖池的消毒

在蝌蚪放养前 7~10 天，先用生石灰或漂白粉消毒。水深 1 米，每亩施生石灰 20~50 千克或漂白粉 5~10 千克，先溶于水后进行全池泼洒。一般在消毒后 7~10 天再放蝌蚪。检测池水药物毒性是否消失，可用盆取少许水，放入蝌蚪试养，1 天后蝌蚪生长正常，则表明水中药物毒性已经消失，可按计划放养蝌蚪。

（二）浮游生物的培养

在自然条件下，蝌蚪主要吃水中的浮游植物和浮游动物，如甲藻、硅藻、轮虫等。在田块消毒后注入新水的同时，可泼洒一定量的 EM 菌培水，促进水体中浮游生物的生长。一般每亩施 EM 菌液 2~3 升，3~5 天之后，水中浮游生物的繁殖顺序和蝌蚪的食性转变规律基本相同，有利于蝌蚪前期的快速生长发育。

二、蝌蚪的放养

在放养蝌蚪时，要注意放养密度，稻田养蛙一般每亩放养 5 万尾左右，以保证每亩青蛙产量控制在 500~750 千克。如果放养密度太大，则难以维持稻、蛙之间的能量平衡转换，一是稻谷可能因水体或土壤过肥没有产量，二也不能保证蛙、稻的品质。同时，蝌蚪数量过多也会影响自身的生长发育，容易发生病害，从而导致蝌蚪死亡。

放养的小蝌蚪最好日龄相同、大小一致，可以防止变态上岸后发生大吃小的残杀现象。同时要注意孵化池与蝌蚪池的水温相差不能超过 2℃。

三、蝌蚪的饲养

蝌蚪饲养要做到科学投放饲料，保证其迅速生长，促进提早变态，减少病害发生，提高成活率。从蝌蚪能平游开始，就可以投喂人工饲料。前

7~10 天可用蛋白质含量 38%~45% 的蝌蚪专用粉料，当蝌蚪头部有黄豆大小时即可采用青蛙专用膨化料投喂，要求饲料蛋白质含量不低于 38%。投喂次数一般 1 日 2 次，早晚各 1 次。全天投喂量为蝌蚪体重的 5%~8%。水温适宜、水质较瘦时可多投；天气炎热、水质较肥时，可减少投喂量。在蝌蚪长出后肢后 5 天左右开始到前肢发育，此时投放的饲料应该逐步减少至2%~3%。如果投料过多，会造成营养过剩，延长变态时间。前肢变态完成后，幼蛙开始上岸，尾部开始被作为营养吸收，会逐渐萎缩直至完全消失，此阶段要完全停食，全过程大约需要 5~10 天。

平时投喂饲料应该依照"定时、定点、定质、定量"的原则，不要四处乱撒，要既便于蝌蚪摄食，又利于观察蝌蚪的活动。每次投喂后 2 小时，要检查摄食情况，以确定下一次的投喂量，蝌蚪期的饲料投喂量尽量要控制好，一般以 1.5~2 小时内吃完为好，以免残饵太多污染水体，败坏水质。注意不要投喂发霉、腐败的饲料，以防蝌蚪中毒死亡。

四、日常生产管理

（一）调节水质，控制水温

蝌蚪池水质的好坏同蝌蚪的生长发育和成活率关系密切。良好的水质首先要求水体溶氧量保持在 3 毫克/升以上，pH 值为 7~8，盐度低于 2%。其次，要有一定的肥度，使水中含有一定数量的浮游生物，可在蝌蚪培育期间通过定期消毒，泼洒 EM 菌或芽孢杆菌的方法来进行调节，一般 7~10 天调节 1 次，具体视水质好坏和水体中的藻相、菌相来定。

定期换水是调节水质的主要方法，一般每隔 7~10 天换水 1 次，每次加进新水深度 10 厘米。天气炎热时，水中残料易发酵变质，污染水体，应多换水。换注新水要选择晴朗的天气，一般以上午 7:00~8:00 为宜，此时换水水温相差小，换水后日照时间长，蝌蚪易适应新水体。

蝌蚪生长发育最适宜的水温是 28℃~30℃。当水温达 32℃时，蝌蚪活动能力下降，摄食减少，生长速度减慢，35℃衰弱的蝌蚪开始死亡。当水温

过高时可采取降温措施，如加注水温较低的井水，并提高池中水位等。

（二）定时巡池

每天早、中、晚要巡池，观察蝌蚪的活动。生长良好的蝌蚪常在水中上下垂直游动，或在水面游动摄食饲料。如果池中蝌蚪长时间漂浮、不游动、不摄食，表明水质变坏，水中缺氧，蝌蚪有病，要及时采取有效措施进行处理。

巡池时应该及时清除水中漂浮的杂物、残料和死蚯蚓，以防腐烂发臭污染水体。发现天敌与病害，应及时清除和治疗。

（三）保持环境安静

蝌蚪培育池必须保持安静，以利于变态。尤其是变态后期的大蝌蚪体质弱，内部器官处于变态之中，池周围稍有动静，都会使蝌蚪变态减慢或停止，严重时还会引起应激死亡（图6-3）。

（四）蝌蚪浮头的解救措施

在天气变化时，以及水质恶化和水中溶氧量减少到蝌蚪无法维持正常生长和生存时，即会出现浮头现象，严重时会泛池死亡。具体表现为大量蝌蚪急速地在水中上下窜动。当蝌蚪出现浮头时，应向池中加注新水，也可向池水中投放增氧剂来缓解。加注新水时注意水流不能直冲池底，因为池水浅，池底饲料残留沉积较多，将水直冲池底会翻起池底残渣，增加耗氧，加重浮头，导致蝌蚪死亡。

（五）创造登陆条件

蝌蚪刚变态成幼蛙，尾部未消失前由于身体瘦弱，弹跳力差，如不及时登陆，肺呼吸不能进行，会造成大批死亡。因此，此时应创造条件使幼蛙及时登陆，常用的方法有降低蝌蚪池水位，使浅水的池

图6-3　变态中的幼蛙

边暴露出来，供幼蛙登陆；在蝌蚪池中放一些木板、塑料泡沫板等漂浮物，使刚变态的幼蛙登上漂浮物进行肺呼吸，便于进一步登上陆地；养殖池的堤坡不能太大，应该减小坡度，便于幼蛙登上陆地。

第五节　水稻栽培与管理

一、选择适宜品种

在选择稻蛙种养模式的水稻品种时，需选择具有较强抗逆性、较好丰产性、较广适应性，抗倒伏、耐肥力强的品种。同时要求是经过国家及地方严格审定的优质、高产品种。当前，比较适合湖南地区养蛙稻田种植的水稻品种有玉针香、湘晚籼17号、农香18、农香32、黄华占和湘晚籼12号等，或选用农艺性状好、抗病抗虫性强、生育期适中的优质粳稻花优14、苏香粳1号、秋优金丰等品种种植。在种子的质量方面，需严格按照水稻二级良种标准来选择（GB 4404.1—1996）。

二、培育壮秧

（一）处理种子

在种子浸种前的2~3天，需进行晒种，时间为3~4小时。在浸种过程中，需用浓度为50%的多菌灵500~800倍液，或者用浓度为25%的使百克2500倍液，浸种时间为24~36小时。当完成浸种之后，用清水冲洗干净，可着手催芽，当超过90%的种子露白后，便可播种。如果选用的是杂交稻种子，需选用更为适宜的间歇浸种法，以此来最大程度地提升发芽率。浸种4~6小时后，捞出并晾一段时间，通常为3~4小时，反复此操作，直到种子水分饱和。

（二）播种期

在选择播种期时，一是要依据水稻的生育期与季节来确定；二是要依据

稻蛙共生模式中蛙的生长需求来确定。一般我们是采取一季稻，其播种时间安排在 5 月下旬到 6 月初，秧龄 25~30 天。

（三）播种量

稻蛙模式中，水稻由于要起到为青蛙养殖遮阴、供蛙栖息的作用，因此秧苗对比常规稻田栽植要相对稀一些，同时大都采取软盘育秧的方式，因此在播种量上，常规稻为 30~40 千克/亩，所需要的软盘量为 2400 片/公顷；杂交稻为 6~15 千克/亩，所需要的软盘量为 1200 片/公顷。在实际播种过程中，需做到定盘、定量与匀播，完成播种后，需及时用细土或谷皮灰覆盖。

（四）秧田管理方法

1. 选好秧田

在选择秧田时，需选择交通便利、土壤肥沃、排灌便利及避风向阳的田块。

2. 控苗

促蘖。当秧苗已生长到一叶一心与二叶一心期时，可以根据实际需要喷施多效唑，在喷施浓度方面，中晚稻控制在 300 毫克/升（浓度为 15% 多效唑按照 1.2 千克/公顷兑水 850 千克），早稻为 150 毫克/升，使秧苗变得矮壮、多蘖。

3. 水肥管理

完成播种后，当苗生长至一叶一心期，并且多以扎根立苗时，需要使畦面始终处于湿润状态；到二叶期时，则可灌浅水上畦面；如果有寒流，那么在其还未来临之前，需灌深水，用于保温护苗，当气温有一定程度回升后，便可排干田水，并再次灌浅水。软盘育秧，需要在移栽前 2~3 天将沟水排干，便于抛秧。此时的秧田需要施充足的基肥，以农家肥为宜，另外，还需要根据实际需要增加磷钾肥，最大限度提升秧苗的抗逆性；如果处于二叶一心期便可施断奶肥，在将要移栽的 3~4 天前施送嫁肥，带肥移栽，提升秧苗的整体质量。

三、合理密植

（一）插植密度

需要依据品种的分蘖力、稻田地力以及全生育期和蛙的栖息生长需要灵活掌握。如果品种具有较强的分蘖力，土壤肥力高，并且苗生育期长，那么可以选择稀植，每亩插 0.8 万~1 万丛，基本苗控制在 3 万~3.5 万株；而品种中熟、分蘖力中等、土壤肥力中等，则可以选择适当密植，每亩插 1 万~1.2 万丛，基本苗控制在 4 万~4.5 万株；田块肥力低，品种早熟且分蘖力比较弱，可插足基本苗，每亩插 1.4 万 ~1.8 万丛，基本苗控制在 5.5 万~6.5 万株。

（二）插秧方式

可以选择窄株、宽行的插秧方式，此方式对通风透光有利，可为青蛙提供优良的栖息环境，同时可充分发挥边行优势，有利于光合作用，能够构建高产结构，为水稻的稳产、高产奠定坚实的基础。

四、科学管水

在管水方面，应始终秉持前期薄水促蘖、中期晒田控苗及后期干湿养根的基本原则。早稻移栽 20~25 天，晚稻移栽 15~20 天时，应及时排水晒田，如果存在过于旺盛的营养生长，需适当重烤，以此来降低田间湿度，控制无效分蘖，达到增强植株抗性的目的，另可实现防病、抗倒及壮秆的总体效果。幼穗分化至抽穗阶段是水稻最需水的阶段，在此时期，于幼穗分化二、三期，应该及时复水，另与追施穗肥相结合；在灌浆到成熟阶段时，需做到间歇性灌溉，还需干湿交替，直到成熟；在将要收获的前 7 天，需断水，预防由于过早断水所造成的早衰。但要注意因为有蛙的生长需求，晒田时间尽量缩短，以免造成蛙脱水死亡。

五、收获与储存

（一）收获

通常情况下，如果稻谷的成熟度达到 90%~95%，便可将之收获，收获

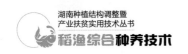

过晚可能导致营养物质损失，对米质造成影响；如果提前割青，会导致灌浆不足、垩白粒多、青米率高，会对出米率、品质及产量造成影响。但在收稻前，要先将青蛙上市销售，少量留种亲蛙要先集中到种蛙池，以免造成蛙的损失。

（二）干燥

水稻完成收割后，需及时将其晾晒，在晒谷时，需做到匀摊勤翻，当稻谷水分降至 13.5% 以下时，便可收获储存，不可过干，不然会使整精米率下降。不得在沥青路、已被化工污染的场地进行脱粒与晾晒，以防污染。

第六节　幼蛙、成蛙期的管理

一、幼蛙的饲养管理

幼蛙的饲养阶段是指从刚脱尾变态的幼蛙通过前期培养和食性的人工驯化，个体长到 10 克左右的饲养过程。

（一）饲料台的搭建

常用的饲料台主要有 3 种。

1. 木条食盘

用木条钉成长 2 米、宽 1.2 米的长方形框架，底部用 40 目的尼龙窗纱蒙上，再在食盘四边用宽 2 厘米、高 1.5 厘米的木条钉紧。这种食盘便于投放，用完后好清理，生产期间方便清理残余饲料，可使用 3~5 年。缺点是制作成本较高，驯食期小幼蛙常钻入食盘下方，易擦伤而发生腐皮病。

2. 塑料食盘

可到生产厂家定做，一般为长 90 厘米、宽 60 厘米，具体可根据自身养殖池的食台条件而定。此种食盘投放及收集整理简便，投食不受地下水气的影响，清除饲料残余极为方便；缺点是容易老化，成本较高。

3. 整体食台

可依据养殖池食台大小量身定做，一般宽 1.2 米，长度依养殖池实际长度而定。一般需铺两层，下层为黑色的防晒网，上层可用 40 目的白色网布铺设，上下层用线管或木条隔出一定高度的缝隙，网布四边扎入泥土中。其优势为制作成本低，驯食无死角，蛙不会钻入食台下方，驯食快且比例高；缺点是不便维护，食台下易生草而导致变形，使用年限短。

（二）幼蛙的驯食及日常投喂

当幼蛙脱尾变态比例达到 70%~80% 时，即可开始驯食工作。先从养殖池的四个角开始，每个角上投 2~3 堆饲料，随着吃食蛙的数量慢慢增加，饲料投放逐渐向食台中间展开，直至全料台投食，驯化完成，此过程一般需要 5~7 天（图 6-4）。饲料粒径依幼蛙大小来确定，一般稻蛙养殖池因蝌蚪数量少，变态幼蛙个体较高密度养殖模式的要大很多，可采用 1 号料驯食。

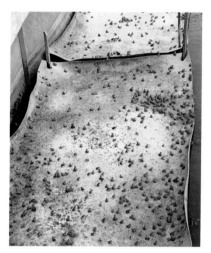

图 6-4　幼蛙投喂饲料驯食

幼蛙阶段每天可投喂 2 次，上午、下午各 1 次，一般上午占 40%，下午投日投饵总量的 60%，具体视蛙的吃食情况而定，日投饵量为蛙总重的 5% 左右。

（三）日常管理

1. 控制水质和水温

幼蛙主要用肺呼吸，虽然对水中溶氧量的要求不如蝌蚪严格，但对水质也有一定要求。要每天清除剩余饲料，捞出池中的死蛙以及腐烂的水生植物、落叶和杂物等。另外，当水质恶化时，要立即进行药物消毒。每平方米水体可用 5~10 克生石灰全池泼洒，杀灭水中的病毒、病菌和寄生虫，消毒后注放新水。一般每隔 1~2 天换 1 次水，每次换 5~10 厘米。幼蛙生长最适宜的水温为 25℃～33℃。稻蛙种养模式中，水稻为幼蛙提供了很好的遮阴栖息场所，可不用搭建遮阴棚。

2. 加强巡查

每天早、中、晚都要进行巡查，检查幼蛙的摄食活动情况，水温、水质情况，以及有无发生病害。应将每天的巡查情况记录下来，便于日后检查和总结饲养经验，提高饲养水平。

二、成蛙的饲养管理

此阶段除了要将幼蛙培育成商品蛙上市外，还应根据需要，有目的、有计划地选留一定数量生长快、个体大、活泼好动、体质健壮的成蛙作为种蛙，以便更新原有的种蛙。

（一）成蛙的投料

在投料时要掌握饲料的规格，做到与蛙体的大小相适应（图6-5）。饲料太大，蛙难于吞食；饲料太小，蛙又不喜欢取食。具体操作原则为体重 10～20 克的蛙投喂 2 号膨化料，体重 20 克以上的蛙改投 3 号料，一直到商品蛙上市。投料应坚持"四定"原则，即定点、定量、定时、定质。

1. 定点

饲料应该投在饲料台上，且每次投喂点要做到基本相同。

图 6-5　稻田养殖青蛙成蛙投喂

2. 定量

严格按量投喂，不要太多，也不要太少。一般膨化颗粒饲料投料量为蛙体重的 5%～8%，以 2 小时内吃完为宜。

3. 定时

每天投料 2 次，6：00 和 17：00 各 1 次。下午的投料量应占总投料量的

60%。

4.定质

要保证投放的饲料新鲜，蛋白质含量稳定，达到36%以上。不投喂腐败、发霉变质的饲料，防止蛙发生食物中毒。要先将饲料盘内的残料清扫和用水冲洗干净后才能放入新料，防止蛙因吃到变质残料而感染胃肠病。

（二）成蛙的管理

1.保持水质清新

成蛙的食欲大，又以膨化颗粒料为食，而且饲养密度较大，因而残料和粪便沉积多，极易败坏水质。要及时清除残料，防止成蛙误食变质料而患病，同时要对被污染的水体进行换水和消毒。蛙池每隔2~3天加注新水入池，每次换水10~15厘米深。每隔15~30天用消毒剂（如氯制剂、碘制剂等）进行全池泼洒，以保持水体清新。

2.提供适宜温度和湿度

温度和湿度与蛙的摄食活动及生长密切相关。气温在25℃~33℃时，成蛙摄食良好；当气温降到17℃以下或升到35℃以上时，成蛙皮肤呼吸困难，摄食量减少，抗病力下降。同时高温易使水质变坏，水中病菌趁机大量繁殖，所以高温对成蛙的生命活动干扰很大。因此，创造一个阴凉、潮湿的环境是提高成蛙成活率和生长率的重要措施。夏天天气炎热，气温高，除去水稻的遮阴作用外，还可加注新水（有条件的可抽提深井水）达到降温、保湿的目的。

3.加强巡池

成蛙逃跑能力强，每天要检查各处的防逃设施，特别注意雨天或雨后晚上巡池，防止成蛙打洞爬墙逃走。巡池时应该认真观察蛙的活动，一旦发现有病或活动异常的蛙，立即隔离治疗，对其他健康蛙分池饲养，采取预防措施，防止疾病蔓延。对符合上市的蛙立即上市，以减少损失。在每次巡池时，应尽可能保持安静。

第七节 常见病害与生态防控技术

一、防控技术

蛙生病初期一般不易观察，而且要准确诊断往往也需要一定的时间和条件，难度大，治疗麻烦，而且还严重影响蛙的生长发育和产品质量，降低生产效益。只有坚持以防为主，做到"无病先防，有病早治"，才能减少或避免病害的发生，减少经济损失，尤其是蝌蚪期。

蝌蚪或蛙病害的预防工作，关键是通过增强机体抵抗力，消灭或控制病原体，切断病原体的传播途径来降低蝌蚪或蛙患病的机会。同时结合定期的病害检测和检疫，有效地预防病害的发生与蔓延。

（一）加强蝌蚪期管理

一是选择健康苗种。健康苗种抗病能力强，患病率低，成活率高，生长速度快；二是保证饲料质量，及时驯食，满足机体发育需求；三是放养密度合理，谨慎操作，科学投饵与管理，能有效增加机体免疫力。

（二）保证优良环境

养蛙场水源应远离排污口，水源充足，水质清新，水温适宜，无污染，无有害有毒物质，水质适宜蛙生活要求，并不受自然因素及人为污染的影响。水源水质应符合《渔业水质标准》（GB11607）和《地表水环境质量标准》（GB3838）。养殖水体水质要求干净，无污染，无有毒有害物质，溶解氧丰富，符合《无公害产品 淡水养殖用水水质》（NY5051—2005）的要求。

养殖场远离农业区、工业区、医院或生活污染处，周围空气质量应符合《环境空气质量标准》（GB3095）的规定，土质要求符合《土壤环境质量标准》（GB15618）和《无公害产品 产地环境》（GB/T18407.4）的要求。每个月对养殖场四周用5%漂白粉溶液喷洒消毒1次，及时清除四周杂物垃圾，保持场内环境卫生。

（三）控制和杀灭病原体

经常消毒，控制和消灭病原体，主要包括养殖池消毒、蝌蚪及蛙消毒、饵料及工具消毒等工作。

1. 彻底清池消毒

养殖池是蛙的活动场所，更是病原体的滋生地。每年在放蛙之前要进行清整，去除多余污泥，修整田埂，铲除杂草、杂物，然后用生石灰、漂白粉等药物消毒，清除野杂鱼，消灭病原菌。

2. 蝌蚪及蛙体消毒

蝌蚪或蛙入池放养或分池饲养时，都应对蛙体进行消毒，严防携入病原体。蝌蚪或蛙体消毒一般采用浸泡法，常用 2%~3% 食盐水溶液浸泡 5~10 分钟或 5~10 毫克/升高锰酸钾溶液浸泡 10~20 分钟。在实际操作过程中，根据浸泡溶液的温度、蝌蚪及蛙体的承受程度，灵活掌握浸泡时间。如有异常，立即停止药液浸泡，并迅速捞出，放回干净的水中。

3. 饲料质量

养殖蛙的饲料必须保证质量、保证新鲜、无腐烂变质，符合《饲料卫生标准要求》(GB13078—2001)。

4. 工具消毒

养殖场使用的所有工具均应严格消毒，尤其是发病高峰期。常用 100 毫克/升高锰酸钾浸洗 3 分钟；或用 3% 食盐溶液浸洗 30 分钟；或用 5% 漂白粉溶液浸洗 20 分钟，每月 2~3 次。

二、常见病害防治

蛙及蝌蚪，在人工饲养条件下，放养密度大，活动范围小，常常会遭到各种敌害生物的侵袭和出现抵抗力下降。再者，由于人为地施加肥料和饵料，造成养殖水质恶化，病原体快速繁殖，往往导致蛙和蝌蚪生病。在蛙养殖过程中，常见的病害种类如下。

（一）红腿病

红腿病又叫败血症，是幼蛙和成蛙养殖阶段的主要疾病之一，传染性快，有时呈暴发性，死亡率高，危害大。

1. 病原体

嗜水气单胞菌。

2. 为害对象

主要为害幼蛙和成蛙。4~9月发病，7~9月为发病高峰期。

3. 病理特征

病蛙后肢无力、发抖，长期低头伏地，不摄食，口和肛门有带血黏液，活动缓慢。发病初期，后肢趾尖红肿，伴有出血点，很快蔓延到整个后肢。病蛙腹部和腿部内侧皮肤发红，有红斑点，肌肉呈点状充血。肛门周围发红。解剖后可见蛙腹部积水，肝、肾肿大并有出血点，肠胃充血。患病蛙3~5天内死亡。

4. 防治方法

该病以预防为主。

（1）定期用生石灰给养殖池和投饵台消毒，改善养殖水质，控制放养密度。发病季节，每半个月用20毫克/升生石灰溶液或0.1~0.3毫克/升三氯异氰尿酸全池泼洒1次，预防该病的发生。

（2）投喂的饵料必须保证新鲜卫生，无腐烂、霉变等情况。

（3）病蛙用2%~2.5%食盐水浸泡10~30分钟，每天1次，连续3天；或10~20毫克/升高锰酸钾溶液浸泡20~30分钟；或100毫升含40万单位青霉素药液的生理盐水浸泡5分钟，连续浸泡几天。

（4）用1克/米³硫酸铜和硫酸亚铁合剂（5：2）全池泼洒，2~3天1次，连用2次。

（二）歪头病

1. 病原体

歪头病病原体为米尔伊丽莎白菌。

2. 为害对象

主要为害幼蛙、成蛙，尤以幼蛙更为严重。全程可发病，当水质恶化、水温变化幅度大时易发此病。

3. 病理特征

该病原体直接破坏脑神经，造成神经紊乱，产生歪头。患病蛙在水中不停打转，蛙头向右或向左歪转，食欲下降。病蛙皮肤发黑，泄殖孔红肿，眼球外突充血，以致双目失明，活动迟缓，不吃饲料。解剖病蛙，可见肝脏发黑，脾脏缩小，脊椎两侧有出血点和血斑。本病传染性强，出现症状 3~5 天就死亡，病蛙死亡率很高。

4. 防治方法

（1）采用合适的养殖模式和合理的养殖密度，可有效预防该病的发生。

（2）定期给蛙池水体消毒。

（3）疾病流行季节，可每月用诺氟沙星 6~10 片拌饵 1 千克投喂，预防该病的发生与蔓延。

（4）用 2 毫克/升氟苯尼考溶液浸泡病蛙及蝌蚪 20~30 分钟，1 天 1 次，连续浸泡 3 天。

（三）烂皮病

烂皮病又叫脱皮病，或腐皮病。幼蛙刚上岸时极易暴发，蔓延极快，患病蛙死亡率极高。

1. 病原体

该病一是由于缺乏维生素 A 而引起的营养性腐皮病；二是由于创口感染鲁氏不动杆菌、异变形杆菌、嗜水气单胞菌、鲁氏耶尔森等而继发的细菌性疾病。

2. 为害对象

主要为害刚变态完成上岸的幼蛙。

3. 病理特征

患病初期，病蛙头、背、四肢等处的皮肤失去光泽，黏液减少，出现白斑后表皮脱落而腐烂，2 天左右露出红色肌肉，4 天左右死亡。解剖检查，发现腹腔积水，胃肠弥漫性出血，肾、脾肿大出血。

4. 防治方法

（1）定期给养殖池和食台消毒，维持良好水质。

（2）饲料要多样化，营养要全面。坚持定时、定质、定量、定点的科学投喂。

（3）补充维生素 A，投喂鱼肝油或维生素 A 胶囊，每天 1 次，连续投喂 7 天；或每千克饲料中拌喂多维素 400 毫克，连用 3~5 天即可。

（4）用碘制剂喷洒消毒，每亩 500 毫升，同时内服消炎类药物。

（四）胃肠炎病

1. 病原体

肠型点状气单胞菌。饲养管理不善，水质恶化是此病的诱发原因。

2. 为害对象

蝌蚪、幼蛙和成蛙都可感染，常发生于春夏和夏秋相交之际。

3. 病理特征

发病初期，病蛙烦躁不安，不食，严重时不怕惊扰，缩头弓背伏于池边，身体瘫软，软弱无力，腹部膨大，肛门红肿。解剖病蛙，见肠胃胀气、充血发炎，肠胃内少食或无食，腹部积水。该病传染性强，发病较急，病蛙死亡率高。

4. 防治方法

（1）及时清除食台上的残饵，洗刷食台。食台要定期清洗、消毒，不投喂腐败变质和霉变的饲料。

（2）每半个月用 1 毫克/升漂白粉全池泼洒 1 次。

（3）每千克饲料中添加 2 片酵母片，每天 2 次，连续 3 天。

（4）用碘制剂或氯制剂全池泼洒消毒。

（五）气泡病

1. 病因

水体溶解气体（氧气、氮、空气等）过度饱和形成气泡，被蝌蚪误吞所致。

2. 为害对象

主要为害蝌蚪。高温季节，水质较肥水体易发生。夏秋季节为此病的流行季节。

3. 病理特征

患病蝌蚪肚子膨胀，体表附着大量气泡，身体失去平衡而仰游水面，解剖后可见肠内充满气泡。本病是蝌蚪期最常见疾病，发病迅速，死亡率极高，损失严重。

4. 防治方法

（1）养殖水体施加腐熟发酵过的肥料，投喂的饲料必须充分浸泡透湿。

（2）加强巡塘，勤换水，维持良好水质。

（3）发病水体用 4 克/米³ 食盐水全池泼洒，然后投喂煮熟的麦麸或添加酵母片（1000 尾蝌蚪用 0.5 克），通过消化，排出肠内气体。

（4）将患病蝌蚪及时捞出，暂养于新鲜、干净的水中，待病情好转后再放入池塘饲养。

（六）藻类

藻类主要包括青泥苔、水网藻，对蝌蚪造成极大为害。

1. 为害

大量青泥苔繁殖会大量消耗水体营养物质，抑制水体浮游生物繁殖，进而影响蝌蚪的生长，而且青泥苔还容易缠住蝌蚪造成其死亡。池塘水网藻就像一张渔网，蝌蚪钻入而无法脱身，最后死亡。

2. 防治

蝌蚪放养前，全池投放生石灰以杀灭藻类，或将草木灰撒在藻类上，抑制藻类繁殖。已放养蝌蚪的水体，可用 0.1～0.2 毫克/升硫酸铜溶液全池泼洒。

（七）蚂蟥

1. 为害

蚂蟥身体柔软，有吸盘，头部可以钻入蝌蚪（蛙）皮肤内吮吸血液，从

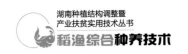
而使其死亡，为害大。

2. 防治

定期用生石灰给水体消毒，提升水体 pH 值，刺激蚂蟥脱落，然后将漂白粉撒入水体，1 周后再用高锰酸钾溶液泼洒 1 次；用新鲜猪血浸泡毛巾，放在进水口处贴水诱捕，爬满蚂蟥的毛巾用生石灰掩埋。

第八节　捕捞与运输

一、蝌蚪的捕捞和运输

（一）捕捞

蝌蚪有群居性，且活动缓慢，易于捕捞。捕捞方法因蝌蚪池大小的不同而有所不同。大面积的蝌蚪池，用鱼苗网在池中拉 1 次网即可将大部分蝌蚪捞起；一般中等大小的蝌蚪池，可用长 3~4 厘米的塑料窗纱网捕捞；更小的蝌蚪池，则可用塑料窗纱、竹竿及铁圈做成的小捞网捕捞。捕捞时动作应该轻慢，以免损伤蝌蚪。

（二）运输

运输蝌蚪首先要选择好时机。10~15 天的蝌蚪较易于运输，小于 10 天的蝌蚪体小，生命力弱，而大于 15 天的大蝌蚪因长出前肢，处于鳃呼吸与肺呼吸的交换期，在运输过程中易因缺氧而死亡。除选择 10~15 天的蝌蚪进行运输外，还应该正确选择运输方法和掌握运输技术。选用运输方法则视运输蝌蚪的数量多少、运输距离的远近而定。短距离运输少量蝌蚪，可用桶、袋装运，密度为 50~100 尾/升，如果温度高、蝌蚪大，则蝌蚪的数量要减少。

在长途运输时，最好选用塑料袋充气运输。方法是先在袋中装入 1/3 的水，接着放入蝌蚪，充入氧气至袋稍微膨胀为止，然后扎紧袋口，装入纸箱中。装入蝌蚪密度为每袋装蝌蚪 4000 尾左右，具体视当时的天气和水温而定。

蝌蚪需带水运输。运输蝌蚪的水，要求用水质清新和无毒的池塘、江河、水库水，也可用去除了余氯的自来水，水中溶氧量不得低于 3 毫克/升。同时，适宜运输的水温为 15℃~25℃，如果温度过高则要利用冷藏车降温，因为过高的温度不但易使水质变坏，还会直接损害蝌蚪的健康，影响运输的效果。此外，运输前应先在清水中停喂吊养 1~2 天，让其适应密集环境，排除体内的粪便，减少对水体的污染，利于蝌蚪的运输。

二、幼蛙、成蛙的捕捞和运输

（一）捕捞

无论是幼蛙、商品蛙或种蛙，其捕捞方法基本相同。

将蛙池灌满水，在池沟中铺设地笼，经过 1 小时左右，青蛙大部分钻入地笼，一般反复 2 次，基本可将池中青蛙收净，少量存池蛙可在晚上通过人工捕捉。

（二）运输

幼蛙和成蛙运输前都需用网袋装好，每袋数量不可太多，幼蛙一般 3~4 千克/袋，成蛙一般 10 千克/袋左右，每袋再用定制蛙筐装好，便于运输。气温低、运输距离短时可在蛙筐内放置一定的冰块降温；气温高且运输距离长则可用专用冷藏车运输。

起蛙前一定要停喂，静养 2~3 天，减少在运输途中排出粪便从而污染运输箱的情况。装运时将蛙体反复冲洗干净后放入运输箱中，除去附在蛙体表面的杂物和病原体，防止蛙在运输时死亡。

第七章
稻田养殖龟鳖实用技术

刘丽

龟鳖类动物是变温爬行动物，属于脊索动物门（Chordate）、脊椎动物亚门（Vertebrata）、爬行纲（Reptilia）、龟鳖目（Testudines）。在我国，常见龟有中华草龟、巴西龟、中华花龟、黄喉拟水龟。鳖有中华鳖、黄沙鳖、泰国鳖、台湾鳖、日本鳖。其中，中华草龟和中华鳖已广泛应用于稻田养殖。

第一节　龟鳖类的生活习性

龟鳖类的典型特征是体短且扁，背腹部具有骨质板形成的甲壳，仅头尾和四肢暴露于甲壳外。甲壳由背甲和腹甲组成，其间以甲桥相连。甲壳的骨板上覆胶质盾片，由表皮衍生而来。

一、中华草龟

中华草龟（*Chinemys reevesiis*），俗称乌龟、金龟、金线龟、墨龟、泥龟、山龟、臭青龟、长寿龟，是我国龟类当中分布最广、数量最多的一种龟。中国自古以来就把中华草龟当作健康长寿的象征，在国际市场上十分畅销。日本、菲律宾以及欧美各国人民将其视为象征吉祥之物。其外形如图7-1所示。

图 7-1　中华草龟（*Chinemys reevesiis*）

中华草龟是用肺呼吸的爬行动物，体表又有角质发达的甲片，能减少水分蒸发，其食性为杂食性，从 4 月下旬开始摄食，摄食量占乌龟体重的 2%~3%，6 月到 8 月摄食最旺盛，其摄食量占乌龟体重的 5%~6%，10 月摄食量会下降，只占乌龟体重的 1%~2%。同时，春秋两季温度较低时，一般在中午前后摄食，而盛夏时节，由于温度过高，乌龟则选择在傍晚摄食。在自然界中，动物性饲料主要为蠕虫、小鱼、虾、螺蛳、蚌、蚬蛤、蚯蚓等，植物性饲料主要为植物茎叶、瓜果皮、麦麸等。乌龟是变温动物，其体温随着外界温度变化而变化，从 11 月到翌年 4 月，气温在 10℃以下时，乌龟潜入池底淤泥中或静卧于覆盖有稻草的松土中不活动、不摄食，进入冬眠，到翌年 4 月出蛰；当温度上升至 15℃以上时才开始摄食和活动，随环境温度上升，摄食量也逐渐增大，体重随之增大；5 月到 10 月，当气温高于 35℃，乌龟食欲开始减退，进入夏眠阶段（短时间的午休）。这一阶段，乌龟忙于发情交配、繁殖、摄食、积累营养，寻求越冬场所。乌龟的生长与水温密切相关，雄性成龟在 23℃~26℃时增重最明显，雌性成龟在 23℃~29℃时增重最明显，相同温度下，雌龟比雄龟生长速度快，而稚龟则在 26℃时生长最快。性成熟的乌龟将卵产在陆上，不需要经过全水生的阶段。乌龟喜集群穴居，其体色也随生活环境的不同而起相应变化，具有自然保护色。

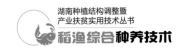
二、中华鳖

中华鳖（*Trionyx sinensis*），又名水鱼、甲鱼、团鱼，是常见的养殖鳖种。它生活在淡水水域，用肺呼吸，陆地产卵，四肢爬行，为水陆两栖的卵生爬行动物。在我国，除青海、西藏、新疆和宁夏等地外，其他地区均有分布，湖南是盛产中华鳖的省份。其外形如图 7-2 所示。

图 7-2　中华鳖（*Trionyx Sinensis*）

中华鳖属爬行冷血动物，生活于江河、湖沼、池塘、水库等水流平缓、鱼虾繁生的淡水水域，也常出没于大山溪中。在安静、清洁、阳光充足的水岸边活动较频繁，有时会上岸，但不能离水源太远。能在陆地上爬行、攀登，也能在水中自由游泳。喜晒太阳或乘凉风，即喜欢"晒背"，不怕光，见光也不回避。中华鳖是水陆两栖动物，以肺呼吸为主，常露出吻尖呼吸空气，潜伏在水中利用辅助呼吸器官进行呼吸。中华鳖是典型的变温动物，体温与环境温度差异不超过 0.5℃~1℃，其适宜生长温度为 25℃~35℃，最适宜生长温度为 28℃~30℃。水温高于 35℃时，摄食减弱，出现"夏眠"，水温低于 15℃时，停止摄食，12℃时开始潜伏于泥沙中，10℃以下时，进入冬眠状态。中华鳖食性广，是以动物性饵料为主的杂食性动物，但是不同生长期，不同的生活环境，其食性也有所差异。稚幼鳖阶段，主食大型浮游动物、虾幼体、鱼苗、水生昆虫、鲜嫩水草、蔬菜，成鳖喜欢摄食螺、蚌、鱼、虾、蚯蚓、水草、蔬菜、瓜果等，人工高密度养殖条件下，以配合饲料、畜禽下脚料、瓜、果等单一或配合食物为主。

第二节　稻田前期准备与改造

一、稻田选择

（一）环境要求

选择光照良好、环境安静、地面开阔、地势平坦且背风向阳的地方。稻田环境符合《农产品安全质量　无公害水产品产地环境要求》（GB/T 18047.4）的规定，要求水源条件好，充足、排灌方便、保水力强、天旱不干、洪水不淹。此外，还要看交通是否方便，电源、能源和饲源供应是否充足等。

（二）面积要求

稻田面积大小均可。但为了便于管理，稻田面积不宜过大，5~10亩面积有利于精细化管理，15~30亩面积便于稻田改造和管理。

（三）水源、水质要求

选择水源丰富、排灌方便且水质良好无污染的稻田来养鳖。水源一般为河流、湖泊或水库、池塘的地面水，最理想的水源是既有地面水，又有水质良好的工厂余热水或温泉水，这样能自由调节水温。稻田水质要求达到《地表水环境质量标准》（GB 3838）Ⅲ类和《渔业用水标准》（GB 11607）的要求，pH值7.0~8.5的无污染微碱性水质，溶解氧大于3毫克/升，氨氮小于0.5毫克/升。

（四）土壤要求

稻田土壤为无污染、肥沃且保水力强的黏性土壤为佳，土壤环境质量符合《土壤环境质量标准》（GB 15618）Ⅱ类以上标准。也需要充足的光照。稻田区域内要求光照充足，用于稻谷的光合作用和中华鳖晒背，同时又有一

定的遮阴条件，用于中华鳖栖息。

二、田间工程

（一）龟鳖沟和龟鳖溜的设计与开挖

1. 加固田埂

稻田四周建田埂，田埂顶部宽2米，田埂高度比稻田田面高出0.5~0.8米，坡比为1:（0.3~0.7），便于龟鳖休息、晒背、产卵等。田埂加固，加固时每层土都要夯实，做到不裂、不漏、不垮，在满水时不能崩塌，确保田埂保水性能。

2. 开挖龟鳖沟和龟鳖溜

龟鳖沟和龟鳖溜主要是给龟鳖提供活动、觅食和避暑的场所。首先在稻田四周外的田埂内侧开挖一套围沟，其宽0.5~1米、深0.8~1.2米，根据稻田大小，再在稻田内开挖多条"田""十""回""日""目""井"字形龟鳖沟（图7-3）。同时对角处开挖长4~6米、宽3~5米、深1.2米的龟鳖溜，在稻田的一角需留有长4~5米，宽2~3米、高1.2米的机耕通道，以便插秧机、收割机等作业机械进出。

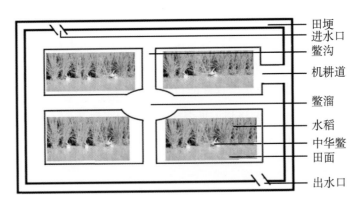

图7-3　稻田养龟鳖田间工程建设

（二）防逃设施建设及进、排水系统

龟鳖喜用四肢掘穴和攀逃，防逃设施建设是稻+龟鳖生态种养的重要环节。一般用内壁光滑、坚固耐用的砖块、水泥板、塑料板或水泥瓦等材料做防逃墙，墙高为内侧水平以上 50~60 厘米，设置时要求底部插入田底 20~30 厘米的防逃反边，并向池内侧稍微倾斜，内外沿用碎土铺平夯实，防止积水穿洞，每隔 90~100 厘米用竹或木桩捆绑固定。为防止龟鳖沿夹角爬出外逃，稻田四角转弯处的防逃隔离带可做成弧形。用 PVC 管在稻田高地势处设置进水口，在低地势处设置出水口，在进出水口设置闸门，安装金属或聚乙烯材料的防逃拦网，网栏高与防逃墙相同。

（三）平水缺、食台建设

在稻田进出水口设置平水缺，以保持田间水稻不同生长发育阶段所需的水深，同时保证雨季积水能自行溢出，避免积水漫过田埂。平水缺的高度要根据稻田的水位来确定，一般用砖块平铺，缺口宽 30 厘米左右。

用长 3 米、宽 1~2 米的水泥预制板（或竹板、木板）斜置于田埂边，板长一边入水下 10~15 厘米，另一边露出水面，坡度约为 15°。食台外侧设一高度为 1 厘米的挡料埂，防止饵料滑入水中。

（四）道路、桥涵建设

发展规模化稻田养鳖，要从机械化操作需要出发，搞好道路建设。道路建设需布局合理，顺直畅通，并分干道、支道两级，干道宽度宜为 3~6 米，支道宽度不宜超过 3 米；道路与桥、涵配套适宜，确保农业机械作业和粮食作物运输。同时还要搞好排灌站和涵闸配套建设，提高抵御自然灾害的能力。

（五）防盗防偷

在稻田四周安装摄像头，便于通过电脑随时观察、掌握稻田的日常动态情况，有利于防盗防偷。

三、稻田准备

（一）稻田施肥与平整

初次养鳖的稻田，按照"施足基肥、少施追肥"的原则，一般每亩施人粪尿 100~250 千克，饼肥 50~100 千克，确保化肥使用量与同等条件下水稻

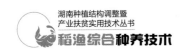

单作相比减少 50% 以上。首先将肥料均匀地撒在田面上，利用旋耕机犁耕，然后注水泡田。待稻田泡透后，进行提浆、整平，保持田面水位 3~5 厘米，等待移栽秧苗。通过大量施用堆肥和粪肥等腐熟有机肥来肥沃土壤，提高土壤有机质含量，改良土壤团粒结构，促进根系生长，实现水稻的可持续性发展。

（二）稻田鳖沟、鳖溜消毒

为杀灭稻田内有害生物和净化水质，中华鳖苗种放养前半个月，稻田清除杂物并暴晒后，按 50~100 千克/亩的标准用生石灰兑水，对稻田进行消毒。鳖沟、鳖溜采用生石灰干法消毒，方法是先排出鳖沟、鳖溜中的大部分水后留水 15 厘米深左右，以鳖沟、鳖溜面积计算，每亩用生石灰 150 千克化水泼洒杀菌消毒，杀灭致病菌和其他有害生物，然后经过 7 天的曝晒后注入新水，水深 50~80 厘米。

第三节 水草移植与螺蛳投放

在环形沟四角的田埂坡上种植藤蔓性植物，如丝瓜、佛手瓜、葡萄等藤蔓果蔬，用于遮阴，以避免阳光直射影响龟鳖的正常生长。

一、水草移植

稻田消毒 7~10 天后，在环形沟内移植适量的水花生、罗氏轮叶黑藻等植物，移植面积占环形沟面积的 25%。

（一）水花生

水花生又名喜旱莲子草，是水生或湿生多年生宿根性草本挺水植物，茎长可达 1.5~2.5 米，其基部在水中匍生蔓延，是畜、禽、鱼、龟鳖的优良水生青饲料。在龟鳖沟溜内移植水花生，其面积不能超过龟鳖沟溜面积的 20%，并要在龟鳖沟溜中成块成片地规范化种植，使其全部漂浮在龟鳖沟的水面上。种植时，在水深 30~60 厘米的浅水区底部，每隔 50 厘米左右挖一坑穴，选择长 20~25 厘米的植株，把有须根的一端插于穴中，每穴 4~5 根，种后用泥培好，防止植株浮起。此法的优点是根生在泥中，不易被风浪冲走，也可直接吸收土壤中的养分，减少追肥次数。此法用母株量少，在常年水位稳定的情况下，成活快，易保苗，也无须年年种植，产量也较高。据试验，此法种植的产量要比水面浮植的产量高 30% 以上，由于水花生生长速度快，因此需用浮竹竿做成正方形或圆形将其固定在水面。龟鳖沟溜内种植水花生后，既起到了遮阴作用，又起到了吸肥的作用，使龟鳖沟溜中的水质因变瘦而被净化。

（二）罗氏轮叶黑藻

罗氏轮叶黑藻（*Hydrilla verticillata*），水鳖科，黑藻属的一种变种，俗称温丝草、灯笼薇、转转薇等。多年生沉水植物，茎圆柱形，表面具有纵向细棱纹，质较脆，直立细长，长 50~80 厘米，叶带状披针形，4~8 片轮生，通常以 4~6 片为多，长 1.5 厘米左右，宽 1.5~2 厘米，常具紫红色或黑色小斑点，先端尖锐，边缘锯齿明显，无柄，具腋生小鳞片；主脉 1 条，明显。广布于池塘、湖泊和水沟中，在中国南北各省及欧、亚、非和大洋洲等广大地区均有分布。在每年的 5~8 月，天然水域中的罗氏轮叶黑藻已长成，长达 40~60 厘米，花果期 5~10 月。每年 3 月，越冬芽萌发形成植株，进而产生越夏芽，8 月，越夏芽萌发又形成新的植株，进而产生翌年萌发的越冬芽。龟鳖沟溜内种植罗氏轮叶黑藻，既能起到遮阴的作用，又能起到吸肥的作用，使龟鳖沟溜中的水质因变瘦而被净化。

二、螺蛳投放

在清明节前后，4 月向田间沟内投放活螺，每亩环沟投放 100~200 千克，不定期追加投入，同时可投放适量泥鳅与河蚌，既可净化水质，又能为龟鳖提供丰富的天然饵料。

第四节　水稻品种选择与栽培

一、水稻品种选择

水稻品种选择经国家审定的品种，要求为茎秆坚硬、抗倒伏、抗病虫害、耐肥性强、可深灌、产量高的优质高产高抗良种。米质优良的品种更适用于低药化的生态种养模式，通过强化技术措施来改善稻株个体生长的环境，达到强根促蘖、充分挖掘个体的生长潜力、大幅度提高水稻产量和品质的目的。

二、水稻栽培

（一）育苗

选择适合湖南栽培的抗病、抗倒伏的优质水稻品种进行播种育秧。根据实际情况选择直播栽培或者育秧栽培的水稻栽培方法。稻鳖综合种养的水稻一般选择单季稻品种，其水稻播种时间在 5 月中下旬，播种时间的原则是直播水稻比移栽水稻迟播种子 7~10 天。直播栽培方法是将直播水稻种子直接播撒到准备好的稻田中，均匀播撒。育秧栽培方法中，抛秧和机插秧的育苗时间基本为 25 天左右，人工插秧的育苗时间应在 30~35 天，从苗床取秧后应尽快移栽到准备好的稻田中。

（二）移栽

选择天气晴好无风时进行移栽，稻鳖综合种养中水稻比单种水稻的密度要稀疏。常规稻直播每公顷大田播种量为 45~60 千克，杂交水稻种子每公顷用种量为 37.5~45 千克；采用人工栽插或者机器栽插，采取宽窄行交替栽插的方法种植水稻，宽行行距为 40 厘米，窄行行距为 20 厘米，株距为 18 厘米，每丛栽插 1 株，杂交籼稻每亩插 0.7 万 ~1 万丛，杂交粳稻和常规粳稻每亩插 1 万 ~1.2 万丛，田埂周围和鳖沟、鳖溜两旁应适当密植，弥补鳖沟、鳖溜占用的面积。稀植将使秧苗生长空间变大，从而产生更多的分蘖，并促使根系发达，能更好地从土壤中吸取养分。

第五节　龟鳖苗种选择与放养

苗种是养殖生产的前提和保证。养殖户应尽可能选择自繁、自育的龟鳖苗种，无繁育基础的养殖户应从就近的龟鳖原良种场购买。

一、龟鳖苗种选择

（一）雌雄区分

1. 中华鳖雌雄鉴定方法

雌鳖背甲为较圆的椭圆形，中部较平，尾短而软，尾端不能自然伸出裙边外，裙边较宽。而雄鳖则与之相反，背甲为较长的椭圆形，中部隆起，尾较长而硬，尾端能自然伸出裙边外，裙边较窄。

2. 中华草龟雌雄鉴定方法

（1）根据体色区分。雄性背部为黑色或全身黑色，腹面略带一些黄色，有暗褐色斑纹，雌性背部棕色，腹面略带一些黄色，有暗褐色斑纹。

（2）根据体形大小区分。雄龟体形较薄而小，雌龟体形圆厚且大。

（3）根据尾巴形状区分。雄龟尾粗且长，尾基部粗；雌龟尾细且短，尾基部细。

（4）根据前爪指甲区分。雄性龟长，雌性龟短。

（5）根据泄殖孔位置和形状区分。雄龟泄殖孔距腹甲后缘较远，泄殖孔位于腹甲以外，孔形长形；雌性龟泄殖孔距腹甲后缘较近，且泄殖孔位于腹甲以内，孔形圆形。

（6）根据背甲和腹甲区分。雄龟背甲较长且窄，腹甲中央略微向内陷，腹甲的两块肛盾形成的缺刻较深，缺刻角度较小，腹部的花纹稀疏；雌龟背甲较短且宽，腹甲平坦中央无凹陷，腹甲的两块肛盾形成的缺刻较浅，缺刻角度较大，腹部的花纹密集。

（7）用指压法区分。用手指按压龟四肢使其不能伸出，其生殖器官会从生殖孔中伸出，即为雄龟；而用手指按压龟四肢使其不能伸出，泄殖孔分泌

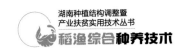
出液体，即为雌龟。

（二）龟鳖苗选择

稻田养龟鳖首选中华草龟和中华鳖，一定要从国家认可的良种场选购，切不可图便宜随意购买，要选择抗病力强、病害少、适应性强，有较强生长优势的龟鳖，而且龟鳖苗种要求规格整齐、大小一致，体色正常、体表光亮，体质活泼健壮，无外伤和病残，能快速翻转，苗种检验检疫合格。

二、放养密度

龟鳖苗种在水稻插秧 15~20 天后进行投放。每亩放养体质健壮，且大小基本一致的龟鳖。一般试验放养密度为：鳖苗规格 420 克/只的放养 200 只/亩，200~400 克/只的幼鳖放养 300 只/亩，2 龄以上 50~100 克/只的鳖苗放养 400~600 只/亩，且雌雄比例为（4~5）：1 为宜。龟苗规格 80~100 克/只的放养 600 只/亩，8~10 克/只的放养 2000 只/亩。水稻＋龟鳖共生养殖对龟鳖来说类似于野生状态，为了在水面封冻前达到较大的上市规格，龟鳖苗种最好选择大规格投放。

三、苗种放养

在水稻插秧后 15~20 天放养龟鳖苗种，选择天气晴好的中午，将装有龟鳖的箱或筐轻轻放到水边，让龟鳖自行爬入水中。放养前，龟鳖苗种须用 3%~4% 食盐溶液浸浴 5~10 分钟或用 10~20 毫克/升高锰酸钾溶液浸泡 10~15 分钟，以杀灭幼龟鳖体表所携带的病原菌及寄生虫。放养时，水温温差不能超过 2 ℃，以利于提高龟鳖苗种的成活率。土池龟鳖种应在 5 月中下旬的晴天投放，温室龟鳖种应在秧苗栽插后的 6 月中旬投放。

第六节　饵料及饲料投喂

一、营养需求

蛋白质、脂肪、碳水化合物、维生素、矿物质等是动物整个养殖生长过程中不可缺少的营养成分，缺少任何一种物质都将导致其生长与发育受到妨碍，甚至致病死亡。

（一）蛋白质

龟鳖属于以肉食性为主的杂食性动物，对蛋白质的需求较高。不同生长阶段、不同龟鳖品种对蛋白质需求量略有不同。一般来说，稚、幼鳖期蛋白质最适需求量为50%，成鳖为45%，稚龟高于42%，幼龟高于40%，亲龟高于38%，成年龟高于35%。

（二）脂肪

龟鳖类对脂肪的需求比一般水产动物要高。饲料中添加脂肪非常必要，鳖类饲料中添加脂肪量一般控制在10%以下，产卵亲鳖类添加量控制在6%以下，尽量少加动物油类，其添加量一般不超过2%~3%，一般配合饲料中添加脂肪含量3%~5%为宜。而稚龟饲料添加脂肪量一般高于6%，幼龟高于5%，亲龟高于4%，成年龟高于4%。

（三）碳水化合物

碳水化合物也称糖类，其功能不仅是供给能量，还可作为饲料黏合剂使用。龟鳖类是变温动物，对糖类的需求量较少，饲料中糖类含量不宜过高。研究发现，在碳水化合物 α－淀粉、糊精、蔗糖和纤维素中，龟鳖类对 α－淀粉的利用效果最好。一般龟鳖饲料中淀粉的适宜量为20%左右。

（四）维生素

维生素是营养作用和生理功能各异的一类低分子有机化合物，是维持动物正常生长、繁殖和健康所必需的一种用量小、作用大的生物活性物质。龟鳖长期缺乏某一种维生素，就会导致物质代谢紊乱，机体生理功能失调，生

长发育减慢，生病甚至死亡。但多数维生素在体内不能合成，必须依靠饲料供给。

（五）矿物质

矿物质即为无机盐，是构成龟鳖骨骼所必需的重要物质，又是构成细胞组织不可缺少的物质，同时还参与体液渗透压和 pH 值的调节，是机体酶系统和一些维生素的活化因子或催化剂，在调节龟鳖机体的生理功能、维持正常代谢方面起着重要作用。由于矿物质元素不能自身合成，不能相互转化或替代，因而龟鳖饲料中必需适量添加多种矿物质元素，以免影响龟鳖机体正常生长与繁殖。

二、饲料和饵料投喂

（一）饲料和饵料来源

龟鳖为偏肉食性的杂食性动物，食性范围广，尤爱食小鱼、小虾、螺蚬肉等天然动物鲜活饵料。根据龟鳖的生理需求，选择营养丰富、消化吸收率高、适口性好的优质颗粒饲料种类或者粉状饲料种类作为配合饲料，以新鲜小鱼虾、鲜鱼肉及一些动物内脏杀菌消毒后为辅助饲料，加上稻田水体中的自然生物饵料及投放的螺蛳、泥鳅和河蚌等，作为龟鳖类的营养来源搭配投喂，做到科学合理投饵。

（二）饲料和饵料制作

中华鳖饲料的配制并不是简单地混合，而是根据各类饲料的特性和龟鳖适口性进行科学制作。一般龟鳖饲料用配合饲料：鱼浆（肉浆）=1：1 的比例进行投喂。首先，将新鲜小鱼虾、鲜鱼肉及一些动物内脏杀菌消毒，加 0.1%~0.3% 食盐后用绞肉机打成鱼浆或肉浆，使其中盐溶性蛋白、肌球蛋白溶解出来，所形成的黏稠糊状物作为生产龟鳖配合饲料的黏结剂，也是饲料中蛋白质的来源。然后将该鱼浆或肉浆按照 1：1 的比例充分拌匀，制成团状饲料。饲料要求现做现喂，不喂隔餐料。

（三）投喂管理

龟鳖的投喂按"四定"原则进行。

1. 定质

以全价配合饲料为主，兼食水体中天然饵料及田里的螺、草等；投喂饲料根据不同季节的水温情况而定，夏季高温应多投喂含蛋白质多的饲料，秋季水温低，应多投喂脂肪略多的饲料。

2. 定量

夏季至秋末，龟鳖生长速度快，投喂量应占全年的 70%~80%，一般幼龟鳖人工配合饲料投喂量为体重的 5%~8%，成龟鳖为 3%~5%。同时还要根据天气、水温及摄食情况抽喂，在正常天气情况下水温 25℃~28℃时以体重的 1.2% 投喂，水温 29℃以上以体重的 1.5% 投喂，不良天气看实际吃食情况灵活增减。

3. 定时

日投饵 2 次，1 小时内吃完为宜；日投 3 次，0.5~1 小时内吃完为宜。时间为每天上午 8 时到 9 时、下午 5 时到 6 时，投喂量要合理，过少会影响龟鳖的生长，过多则造成浪费。投喂时，还要保持龟鳖田周围环境安静。采取投饵与防病相结合的方法，以减少龟鳖病害。在饲料中加入 0.03% 维生素 E、0.05% 维生素 C、0.1% 免疫多糖，可大大增强龟鳖的抗病能力。

4. 定位

投喂在食台上。此外还要经常清洗食台，清除残饵和病龟鳖。每天早晚巡田，并做好巡田记录，发现问题及时处理。

第七节　日常管理与生态防控技术

一、田间水位与水质管理

水位调节以满足水稻不同生长期需要而不影响龟鳖养殖为原则。水稻活苗后，水稻田面水位 5 厘米，沟内水位不超过防护田埂，水稻返青分蘖、投入龟鳖苗 1 周后保持稻田中正常水位 10 厘米左右，高温季节增加到 20 厘米。收割前 15 天晒田，晒田期间，降低水位，但环形沟内水深应保持在 80 厘米左右。除晒田外，环形沟水位都需在 120 厘米以上，大田水位在 20 厘米以上。养殖期间，每隔 1 周左右换环形沟内 1/3 的水量，每隔 20 天左右用生石灰和漂白粉或高锰酸钾试剂泼洒，进行水体消毒并改善水质。水稻可吸收水中的氨氮、亚硝酸盐等，起到净化水质的作用。如果龟鳖要在稻田中越冬，则待水稻收割后加深水位至高于田面 30 厘米保持到来年水稻移栽，起到"夏秋为田，冬春为塘"的作用。

二、日常管理

日常管理是稻田养好龟鳖最重要的环节。因此，要做到每天早晚巡田 2 次。一是观察龟鳖的吃食情况，适时调整投喂量，及时清除残渣剩饵、生物尸体和龟鳖沟、龟鳖溜内的漂浮物。二是确保水位、水质稳定，注意龟鳖沟、龟鳖溜和稻田水位变化情况，特别是持续降雨期要及时排水，干旱期要及时补充新水，在不影响水稻生长的情况下，可适当加深稻田水位；随时注意龟鳖沟、龟鳖溜水质情况，常换水，疏通沟。三是检查防逃设施、田埂、进排水闸是否有损坏或漏洞，若有及时修补。四是做好防鼠防害、防盗防偷措施，预防鼠、蚊、蚂蚁、猫、黄鼬、鹰等侵害。五是保持周围环境安静，清除各种惊扰，禁止闲杂人员进入，为龟鳖的生长营造良好的环境。六是做好养龟鳖稻田与对照稻田的日常生产记录。

三、生态防控

对水稻而言，首先龟鳖是稻田的主要害虫如二化螟幼虫、三化螟幼虫、稻飞虱等的天敌，同时龟鳖在田间活动时，可将虫卵或霉菌孢子震荡下来，同时在稻田安装频振式杀虫灯（图 7-4），诱杀害虫，掉落的害虫可供龟、鳖、虾食用，龟鳖对害虫的捕食起到了保护水稻的作用。其次，龟鳖的排泄物和剩余的饲料为水稻提供了有机肥料。再次，龟鳖在稻田里爬动翻松泥土，增加氧含量，促使土壤中有机物分解成无机盐被水稻吸收利用，有利于减少病害发生，因此水稻基本不用施喷农药。对龟鳖而言，稻田环境一方面为其提供了天然饵料的来源，在营养需求上能满足龟鳖的生长需要；另一方面改良了龟鳖的微生态环境，使龟鳖抗病力增强，生长速度明显加快。水稻的生长又为龟鳖提供了良好的生活环境，水稻不施肥，水质得到了很好的改善，这样既保证了水稻的产量和品质，又保证了龟鳖的产量和品质，从而形成良性的生态循环。

图 7-4　稻田养鳖设置的太阳能诱蛾灯

虽然龟鳖能吞食水稻害虫，但水稻发病时仍需施农药以消灭水稻病虫害。用药宜用高效低毒低残留农药，如农用抗生素、敌百虫等，粉剂在早晨露水未干时喷施，水剂和乳剂在下午喷施，严禁使用一些含磷类、菊酯类、拟菊酯类等毒性较强的药物和除草剂。用药时尽量加深稻田的水量，降低药物的浓度，减少使用药物对龟鳖造成的影响和危害。如果条件允许也可缓慢放干稻田的水，待龟鳖都进入龟鳖沟、龟鳖溜时再用药，用药后8~10小时恢复正常水位。

龟鳖生态防控以"预防为主，防治结合，综合治理"为原则。即龟鳖

沟、龟鳖溜彻底清淤消毒，定期用生石灰、漂白粉等对水体、饲料台、工具等进行消毒，定期在龟鳖沟、龟鳖溜中泼洒和在饲料中添加有益微生物制剂及合理投喂优质饲料，如养殖中后期，按 2 千克/亩用量每隔 20 天在龟鳖沟、龟鳖溜中泼洒一次 EM 菌，按 20 千克/亩 投放生石灰，EM 菌和生石灰不能同时使用，应间隔 7 天以上。稻田养殖龟、鳖，由于放养密度小，生态环境优越，一般很少发病。一旦发现病龟鳖要及时隔离，并查明病因，及时采取防治措施。药物使用方法应符合《无公害食品 渔用药物使用准则》（NY 5071）的规定。

第八节 收获、捕捞与运输

一、水稻收获

（一）水稻收获最佳时期

稻谷的蜡熟末期至完熟初期为最佳收获期。表现为稻穗垂下，稻谷植株大部分叶片由绿变黄，稻穗失去绿色，穗中部变成黄色，稻粒饱满，籽粒坚硬并变成金黄色，即 95% 稻粒达到完熟。

（二）水稻收获方式

水稻成熟一般在 10 月下旬，使用收割机沿预留机械作业通道进入稻田进行收割。收割前，田间存水放干，龟鳖会自动转移至龟鳖沟或龟鳖溜内，不影响收割。一是人工收获，适合收获倒伏的水稻，收获的水稻水分降低到16% 时，码成小垛防止干湿交替，增加裂纹米，降低出米率；二是机械收获，水分降到 16% 以下适时进行机械大面积收获。

二、龟鳖捕捞

（一）捕捞准备

10 月中下旬，水稻收割前将稻田中的龟鳖驱赶进龟鳖沟或龟鳖溜内，避免机械压伤，待收割完毕后陆续抓捕龟鳖进行销售。当龟鳖达到上市规格（龟 500 克以上、鳖 1.5 千克以上）时，可捕捞上市；未达到上市规格的，可加深稻田水位继续养殖，或将龟鳖转入越冬池塘继续养殖。水温降至 18℃以下时，养殖龟鳖可停止投饵，且捕捞前 10～12 天应停用任何药物。

（二）捕捞方式

1. 集中捕捞

集中收获稻田里的龟鳖通常采用干田法，即先将稻田的水排干，等到夜间，稻田的龟鳖会自动爬出淤泥，这时可以用灯光照捕，一般可一次捕尽。

2. 平时捕捉

（1）徒手捕捉法。可沿稻田边沿巡查，当龟鳖受惊潜入水底后，水会冒出气泡，沿着气泡的位置潜摸，即可捕捉到，或者夜间龟鳖爬到岸上栖息、活动时也可用灯光照射，使它一时目眩再用手捕捉。

（2）诱捕法。捕捞时间在水稻收割前后，根据市场行情，诱捕达上市规格的龟鳖及时上市。诱捕采用倒须笼，如第二天有人要买龟鳖，当天晚上就可把诱捕笼下在饲料台边的龟鳖沟或龟鳖溜里。

（3）网捕法。网具与渔具相似，只是网眼不同，规格大，网衣较高。操作时动作要轻巧迅速，以防龟鳖逃走或钻入泥沙中，撒网同撒渔网一样用力分散网具。也可在龟鳖晒背或吃食时，用网局部围捕。

（4）龟鳖枪捕捞法。使用一种称作"龟鳖枪"的专用工具，准确判断和寻找龟鳖在水底的位置，以适当的提前量，使串钩在水底用涮的动作快速移动，让钩在运动中划过龟鳖身体时将龟鳖带翻，随着其四肢的划动和挣扎，两个向内微微折进的钩尖便会深深掐紧龟鳖身体进行捕捞。

三、龟鳖的运输

（一）运输前准备

运输龟鳖前应先严格检查待运龟鳖的健康状况，选取外形完整、神态活泼、喉颈转动灵活、背朝下腹朝天时能迅速翻身的龟鳖，确保运输成活率。为减少运输途中的龟鳖排泄物，最好在运输前将龟鳖停食数日。龟鳖有互相

争斗和撕咬的习性，不要将龟鳖长时间密集在一起，而是单只包装、装箱。一般选择温度较低时运输，龟鳖冬眠期间或苏醒后不久不宜长途运输。

（二）运输方法

1. 湿沙运输法

此法是在车厢底部铺上一层草袋，放上装有龟鳖的网袋、透气袋，然后按用量装运上一定厚度的湿沙，以刚盖住龟鳖背为宜，若是纸箱或木箱包装，则先铺上一层草袋，装运上一定厚度的湿沙，让龟鳖背潜入湿沙中，再用湿草袋覆盖沙面，上面用网衣笼罩。行车途中要经常淋水，保持草袋、沙层湿润，以提高龟鳖成活率。

2. 干法运输法

此法是将龟鳖分只装进木板或竹篾制成的通气良好的扁平竹篓或木箱中，竹篓或木箱底部垫上软垫，顶部盖严实后运输。

第九节　关键问题及注意事项

实行稻＋龟鳖生态种养模式，一方面因在水稻种植过程中减少了农药和化肥的使用，提高了水稻品质；另一方面因改良了鳖的生态环境，提高了龟鳖品质。该模式做到了"一水多用，一田多收"，大大减少了农业面源污染，促进了生态平衡和农业的可持续性发展。但稻-龟鳖生态种养过程中，还应注意以下问题。

一、养龟鳖田防逃设施

预防逃逸是稻田养殖龟鳖时需做的重要措施之一。龟鳖是爬行动物，只要有条件，都会从稻田中逃出。而且龟鳖能挖洞，故可在稻田周围用砖石或石棉瓦围成 50~80 厘米高的防逃墙，并且防逃墙要埋于地下 30 厘米，同时进出水口拦铁丝网防逃。

二、食台、晒台和产卵台建设

龟鳖有晒背的生活习性，因此稻田内必须设置晒台。食台和晒台合二为一，用于龟鳖的摄食、栖息。同时为防止夏季日光暴晒，在投饵台上要搭设遮阳篷。

三、水草种植与螺蛳投放

根据龟鳖的生活特性，要模仿其生态环境，培育好龟鳖沟及龟鳖溜中的水草和保持一定量的螺蛳非常重要，这样既可以给龟鳖提供栖息、避敌的场所，又起到了净化水质和提供饵料的作用。

四、日常管理

饲料投放，每天做到"四定"原则，即定点、定时、定量、定质投放饵料。坚持每天巡田检查，查水位和水质是否变化，龟鳖摄食情况，防逃设施是否完好，田埂、进出口是否破损、渗漏，是否有病敌害情况，坚持做好生产记录。

第八章
稻渔综合种养案例分析

何志刚

第一节　稻田养殖小龙虾

一、案例简介

湖南省南县瀚轩稻虾种养专业合作社社长刘维原为广东某服装厂老板，2015 年开始转行进入稻虾养殖，重视养殖硬件，购置底部增氧设备和水质监测设备，目前流转 800 亩稻田种水稻、养龙虾，年利润过百万元，经济效益十分可观。2017 年选取 120 亩稻田进行成本效益分析，达到亩产效益 5000 元以上（表 8-1）。

表 8-1　水稻 + 小龙虾案例支出、收入明细表（120 亩）

支出项目	价格（元）	收入项目	产量（千克）	单价（元/千克）	产值（元）
水稻种子费	3456	水稻	76580	3	229740
小龙虾虾苗费	225150	小龙虾	27545	45	1239552
土地租金	60000	产值合计（元）		1469292	
调水制剂	0	水稻亩产量（千克）		638	

续表

支出项目	价格（元）	收入项目	产量（千克）	单价（元/千克）	产值（元）
饲料	232340	小龙虾亩产量（千克）		229	
肥料	10571	亩产值（元）		12244	
劳工费、水电费	218664	亩成本（元）		6251	
支出合计	710181	亩纯利润（元）		5993	

二、技术要点

（一）稻田的选择与改造

1. 稻田的选择

养小龙虾的稻田要交通方便，保水性能好，进排水方便，周边环境安静，阳光充足，田土肥沃，弱酸性，少泥沙，降雨不溢水，田埂不渗漏。

2. 稻田改造与建设

稻田的改造主要是加高、加宽、加固田埂。边埂达到高80厘米、宽60厘米，田埂基部加宽到1米，田埂夯实，以防裂缝渗水倒塌。田内开挖"田"字形深沟，在距离田埂内侧80厘米处挖深1米、宽1米的环沟，再在田中开"十"字形虾沟，沟宽50厘米、深50厘米。环形沟和田间沟的总面积占整个稻田总面积的10%。在虾沟的交叉处或稻田的四角建虾塘，与虾沟相通，虾塘呈正方形，宽1米、深1米。

3. 防逃设施

在建好环形沟和田间沟以后，用塑料网布在沿田埂四周建防逃墙，下部埋入土下20厘米，上部高出田埂50厘米，每隔1.5米用木桩或竹竿支撑固定，网布上部内侧缝上宽度为30厘米左右的塑料膜形成倒挂。

4. 进排水系统

稻田设有单独进排水系统，进排水口的地点选在稻田相对两角的土埂

上，进排水口用钢丝网围住，防止敌害生物进入和小龙虾逃逸。

（二）水稻栽植前的准备工作

1. 清沟消毒

放苗前15天进行清田消毒，将环形沟和田间沟中的浮土清除，对垮塌的沟壁进行修整。然后用生石灰80千克/亩化浆后全池泼洒消毒，以彻底杀灭田内的病原菌、寄生虫及包囊，间隔5~7天后排干消毒水。

2. 注水施肥

待消毒药物毒性消失曝晒两天后加注新水，进水口用40目的筛绢网过滤，向沟中注水0.6~0.8米，插秧前重施底肥，基肥以有机肥为主，辅以无机肥。每亩施腐熟的鸡、猪粪250千克，繁殖天然饵料。水稻插秧结束后至8月中旬，稻田根据水稻生长情况适当补施复合肥，亩施尿素5千克。

3. 植草投螺

水温8℃以上时，在环形养虾沟和田间沟内种伊乐藻，种植时环沟上水10厘米，把伊乐藻剪成10~15厘米一根，一株15根、株距1~1.5米、行距2~2.5米，水草面积占沟渠面积的30%。清明前后投放部分螺蛳，让其在沟渠内自然繁殖，为小龙虾提供大量动物性饵料。

（三）水稻的栽种

该合作社种植水稻的品种是玉针香，该品种产量高、成熟期与小龙虾的捕获期一致。稻苗栽插前2~3天使用1次高效农药，6月初气温在25℃以上时开始栽种水稻。采用插秧机插秧，晴天进行，一般每亩栽种秧苗1.25万~1.5万株。水稻出现病害时，首选高效、低毒、低残留的生物农药，并按常规剂量使用，切忌加大用量，禁用小龙虾高度敏感的有机磷、菊酯类农药。施药前要保持田间水深6~9厘米。粉剂类农药在早晨带露水时施用，水剂类农药在晴天露水干后喷施，要尽量喷洒在稻叶上，避免直接喷入水中。

（四）小龙虾种苗的放养

虾苗在3月上旬放养，选择在晴天早晨、傍晚或阴天进行，避免阳光直射。同一田块放养的苗种规格一致，放养的虾苗是自行培育的小龙虾，投放幼虾规格为 80~100 尾/千克，投放密度为 75 千克/亩。在放养前用 3% 的食盐水对种苗进行消毒 5 分钟预防疾病。放养时做到一次放足，分多点均匀投放。苗种投放前进行试水，待确认安全后再投放。

（五）小龙虾的捕捞

稻田养殖小龙虾，4 月中旬部分小龙虾长到 25 克时开始捕捞。捕捞方法主要是采用笼捕法，用虾笼或地笼捕捞，捕大留小，使龙虾均衡上市。连续进行多天后，田中小龙虾起捕率可达到 85% 以上。

三、分析与建议

（一）稻虾种养稳粮增收，产品质量优

水稻＋小龙虾的生态种养模式是稳粮增收的有效途径，在保证粮食产量的前提下对有效提升农产品质量、丰富市场农产品品种都具有很重要的意义，也是丰富休闲农业与乡村旅游的重要载体。进行生态种养的稻田与同样产量的稻田比，无论是以养虾为主还是以种稻为主，由于其产品质量提升，其价格都可达到普通农产品价格的 2~3 倍。

湖南省种植水稻，较好的经济效益是每亩利润 1000 元，而稻虾混作每亩纯利润比单纯种植水稻提高了 3 倍多。主要是稻虾混作的生产过程中未使用任何农药和化肥，稻谷和小龙虾符合无公害食品的要求，产品质量好、价格高。

（二）稻田养虾合理开挖环沟

稻虾混作是将稻与小龙虾养殖有机结合在一起，虽然稻田面积减少（开挖环形沟约占稻田面积的 10%），但没影响稻的产量，还能促进小龙虾健康快速生长。在稻田开沟时，既要保证基本农田不被破坏，又要达到稻田生态养殖的效果，所以不能过度开挖，还要保证稻田养殖水体的需要。为防止后续矛盾，建议以县为单位成立稻田生态种养行业协会，由政府指导协会，由协会管理主体，统一行业管理，规范行业行为，统一生产标准，统一搭建平台，统一品牌和价格，统一协调管理，用创新思维发展壮大稻田生态种养事业。

（三）稻田养小龙虾注意施药与控水

从养殖结果来看，稻田养小龙虾规格整齐、个体肥大，生长速度快，规格在 50 克/只左右。稻田养殖小龙虾要注意以下两个关键点：一要注意用药时必须选用高效低毒且对小龙虾无影响的无公害农药和生物制剂，并且洒在叶面上，不要洒到田面上，以免影响小龙虾的生长。二要注意勤换水，特别是夏季高温季节时 5~7 天换一次水，每次在总量的 1/3 左右为宜。

第二节　稻田养殖青虾

一、案例简介

湖南省长沙市金井镇乐加农业科技有限公司 2018 年选择稻 + 青虾共生种养新模式，种植优质水稻农香 32，利用水稻的生长空间，替代水草作为青虾隐蔽、蜕壳的场所，生产出清洁生态的青虾；高秆稻汲取虾粪和塘中淤泥的养分，生产出完全放心的生态大米（表 8-2）。稻 + 青虾共生种养新模式可以净化水质促进养殖，生产"不喷农药、不施化肥"的原生态大米及青虾，具有明显的经济效益。

表 8-2　水稻 + 青虾案例支出、收入明细表（150 亩）

支出项目	价格（元）	收入项目	产量（千克）	单价（元/千克）	产值（元）
水稻种子费	7500	水稻	14975	12	179700
青虾苗种费	24650	大规格青虾	3360	116	389760
生产设施	17520	小规格青虾	6915	28	193620
土地租金	120000	合计	25250		763080

续表

支出项目	价格（元）		
调水制剂	18000	水稻亩产量（千克）	149
饲料	65520	青虾亩产量（千克）	68
劳工费	79735	亩产值（元）	5087
水电费	8500	亩成本（元）	2276
支出合计	341425	亩纯利润（元）	2811

二、技术要点

（一）稻田工程建设

养殖面积 150 亩，分为 18 块东西向稻田，平均面积 8.5 亩左右，为低洼稻田开挖而成。每块田离田埂 3 米开挖"回"字形环沟，宽 4 米、深 0.6 米。开挖水沟的同时，建好进、排水系统，进水口装上 60 目的筛绢漏斗网，防止进水时把杂鱼、虾蟹及其卵带入稻田中。排水口装上 40 目的筛绢平板网防逃。在每块田的池埂上预留一条机耕道，使作业机械能通过，进行冬、春季翻耕，夏季插秧。

（二）水稻种植

农香 32 特别适合稻渔综合种养，具备了常规水稻所没有的耐水抗倒伏特性。高秆稻根系发达，可以吸收底泥和水中的氮、磷等营养物质，降低底泥中的有机物和氨氮含量，具有净化水质和改善底质的作用。在 2018 年 4 月 10 日抛秧盘育秧，按 60% 占比计算，每亩用种 250 克，薄膜覆盖，5 月 10 日前后进行秧苗点抛，株行距为 0.5 米 × 0.6 米。

（三）青虾苗种投放

1. 消毒与培肥

投放虾苗前 15 天左右，每亩用生石灰 75 千克撒施消毒，清除敌害生物及寄生虫等。放养前 7~10 天，每亩施充分发酵禽畜粪肥 150~200 千克，培肥水质，提供枝角类、桡足类等天然活饵。

2. 苗种放养

7月初放养虾苗，选择规格整齐、体质健壮、游泳活泼、体长 1.2~1.5 厘米的虾苗，每亩投放 12~16 千克，约 10 万尾。苗种投放量一次放足，做到大小规格基本一致。

3. 水草种养

在稻田环沟中种植适量罗氏轮叶黑藻，一般控制在总面积的 25% 左右。这些水生植物作为虾的隐藏栖身的地方，对提高青虾的成活率十分重要，同时植物的碎屑也是虾的饵料。

4. 微孔增氧

在四周环沟中安装盘式微孔增氧，根据气候变化，适时开启，它的气泡和氧分遍布在池底，可降低池底的亚硝酸盐等有害物质含量，特别在 9 月到 10 月成虾催肥期，能增进青虾食欲，从而提高青虾的产量。

（四）田间管理

1. 水位控制

以水稻为主，兼顾青虾生长要求。在放养初期，田水可浅，保持在田面以上 15 厘米左右即可。随着青虾的生长，水稻长高，需求活动空间加大以及水稻抽穗、扬花、灌浆需要大量水，水位逐步控制在 30 厘米、45 厘米、60 厘米，部分池塘最高水位达 90 厘米，抽穗后期适当降低水位，养根保叶。

2. 施肥

秧苗移栽 5 天后施尿素 10 千克/亩。

3. 用药

采用生物农药防治，稻田病害严重时，采用化学防治。选择高效、低毒、无残留农药，禁用青虾高度敏感的含磷药物、菊酯类和拟除虫菊酯类药物。喷洒农药一般应加深田水，降低药物浓度，以减少药害，也可降低水位至虾沟以下再用药，8 小时左右及时提升至正常水位。

4. 烤田

考虑到青虾的活动需求及低洼田积水的特性，少烤田，在收割前 10 天晒田。

5. 青虾饲养管理

投喂要定时、定量、定质、定点。前期每天上午、下午各投喂 1 次，后期在傍晚投喂 1 次，日投饵量为虾体重的 3%~5%。投饵要精粗饲料合理搭配（蛋白质含量 45% 左右），一般按动物性饲料 40%、植物性饲料 60% 来配比。坚持检查虾摄食情况，当天投喂 2~3 小时内吃完，说明投饵量不足，如果第二天还有剩余，则说明投饵过多。每隔 15~20 天，可以泼洒 1 次生石灰水，每亩用生石灰 10 千克，一方面维持稻田 pH 值在 7~8.5，另一方面可以促进青虾正常生长与蜕壳。在蜕壳前，也可以投喂含有钙质和蜕壳素的配合饲料，促进青虾集中蜕壳。蜕壳期间，投喂的饵料一定要适口，促进生长和防止互相残杀。

6. 青虾病害防治

虾病重在预防，以综合防治和生物防治为主，严禁施用有机磷和菊酯类药物，农药使用应符合 GB 4285、GB/T 8321（所有部分）的规定，杜绝使用敌杀死、甲胺磷等菊酯类、含磷类药物。渔药使用应符合 NY5071—2002 的规定。

7. 日常管理

坚持早晚巡塘，清除下风口浮沫、杂物，适时开启增氧机，严禁发生浮头现象。日常管理中为了做到准确投饵，可在池内放置检查食台，每次投饵后 3~4 小时检查青虾的摄食情况，根据青虾肠胃饱满及饵料残余情况，不断调整投饵量，确保青虾吃饱吃好。

8. 青虾捕捞上市

青虾一般经过 3~4 个月饲养，就可以达到商品虾规格。青虾可在水稻收割之前起捕，规格小的青虾可留在田中继续饲养，从 9 月底、10 月初开始就用地笼网捕大留小、分批收捕。

9. 水稻收割

11 月初降低水位进行水稻收割。

三、分析与建议

（一）稻田养青虾大幅减少化肥使用

稻田综合种养过程中，除了秧苗栽插前使用了有机肥外，其余阶段未使用任何化肥，水稻生长情况较好，主要是饲料残饵与青虾的排泄物为水稻生长提供了大量优质有机肥。

（二）稻田养青虾全程未使用除草剂

稻田综合种养过程中由于稻田内没有杂草，因此未使用除草剂。稻田内没有杂草的主要原因在于杂草刚发芽就被青虾吃掉，且青虾为爬行动物，在稻田内不断活动，具有明显的中耕和疏松土壤的作用，控制了杂草的生长。

（三）稻田养青虾全程未使用杀虫剂

稻田综合种养过程中由于稻谷未出现虫害，因此未使用杀虫剂。稻谷未出现虫害的主要原因在于采用了频振灯诱虫、杀虫；通过水位控制措施抑制了害虫的繁殖；部分害虫及其幼虫被稻田内的青虾吃掉。稻田养虾避免了常规养殖中细菌性病害，减少农田化学品的投入，保护改善生态条件，为农业可持续性发展提供了技术支撑。

（四）稻田养青虾经济生态效益俱佳

青虾高秆稻综合种养技术是利用水稻跟青虾有机结合，科学利用土地空间、季节茬口和生物秸秆的一种新型种养模式。与单纯种植水稻、养殖青虾相比，减少了化肥和农药使用量，综合利用了生物秸秆，经济效益、生态效益显著提升，可持续发展能力显著增强。稻田套养青虾利用青虾的生长与稻田之间形成可循环的生态链，水稻种植可减少机耕费，减少稻田化肥、农药的使用，生产高品质无公害水稻；在稻田中养殖青虾可降低青虾的发病率、减少管理成本，生产出更加味美优质的稻米、青虾。

第三节　稻田养殖小龙虾与河蟹

一、案例简介

湖南省南县稻渔综合种养面积突破 50 万亩，稻虾产业发展蓬勃，农民收益提高。2018 年在传统的一季虾一季稻模式上，南县昊新农业开发有限公司探索内陆稻田养殖河蟹，水稻收入明显提高，产出的河蟹规格整齐，品质优良，深受消费者欢迎，土地的单位效益得到了大幅度提高（表 8-3）。稻田养虾蟹改变了传统的单一种植模式，实现了一水两用、一地双收，提高了土地和水资源的利用率，提升了水稻与河蟹的品质，切实增加了农民的收入。

表 8-3　水稻 + 小龙虾 + 河蟹案例支出、收入明细表（40 亩）

支出项目	价格（元）	收入项目	产量（千克）	单价（元/千克）	产值（元）
水稻生产成本	18000	水稻	23240	2.16	50198.4
亩种植成本	450	小龙虾苗种	1880	50	94000
小龙虾苗种	自繁育	小龙虾成虾	4720	36	169920
蟹苗成本	47500	河蟹	1240	120	148800
养殖生产成本（元）	53200	总收入（元）	462918	总利润（元）	344218
总生产成本（元）	118700	亩产值（元）	11572	亩纯利润（元）	8605

二、技术要点

（一）池塘改造

暂养池塘选择在湖南省南县茅草街镇八百弓村，面积 2 亩，呈长方形，距养蟹稻田 1000 米，水源充足，水质清新，交通便利，环境安静。2018 年 3 月 15 日开始对暂养池塘进行清整，干塘清除过多淤泥，池底呈斜坡形，池塘四周坡比（1 : 3）～（1 : 2），池塘深度 120 厘米。3 月 21 日池塘消毒后，加注新水 50 厘米，施有机畜肥 2000 千克培养水质。3 月 25 日将池埂四周用 70 厘米高的塑料薄膜围挡，进、排水口设置在池塘对角线上，用 12~15 目聚乙烯网片包扎。

（二）苗种放养

2018 年 3 月 30 日，采取"一查二看三称重"的购种标准，购买上海崇明岛的中华绒螯蟹苗种（扣蟹）500 千克，规格为 190 只/千克，平均体重 5.3 克，苗种规格整齐，体质健壮，爬行敏捷，蟹足指尖无损伤，体表无寄生虫附着。蟹苗运到池边后，经过去冰升温、三次浸水等缓苗程序，使蟹种的鳃丝由失水后的分散状变成吸水后的平滑光亮状，然后用浓度为 20 毫克/升的高锰酸钾溶液药浴 5 分钟，放入经过围挡的暂养池中，每亩池塘暂养扣蟹 35 千克，密度为 6785 只/亩。

（三）饲料投喂

蟹苗放入稻田后，每天投喂粗蛋白含量为 38% 的配合饲料，饲料为澳华河蟹"蟹安康"专用商品料。每天按照"四定"原则进行投喂，按照"四看"原则确定饲料投喂量。在养殖过程中，按照河蟹生长和营养需求规律，分两个阶段调整饲料的投喂量。第一阶段为 6 月，每天投喂 2 次，上午的投喂量占日投饲量的 10%，下午占日投饲量的 90%。日投饲量从 5% 逐渐增加至 8%。第二阶段为 7 月至 9 月中旬，每天投喂 2 次，日投饲量为河蟹总体重的 8%~10%。

（四）水质管理

根据稻田的渗漏和蒸发情况，定期补水，水深始终保持在 10 厘米左右。6 月到 9 月每月用 0.1 毫克/升的二溴海因在环沟和投料点进行消毒，每周用"养水激活素"调节水质。养殖期间，每 10 天监测 1 次各围挡单元的水质，各项水质指标控制在 pH 值 7.4~8.5，溶氧 5.0 毫克/升以上，氨氮 1.0 毫克/升以下。

（五）蜕壳期管理

6 月 21 日河蟹蜕壳后体重达到 25 克，7 月 20 日河蟹蜕壳后体重达到

42.8 克，8 月 15 日河蟹蜕壳后体重达到 85 克。仔细观察河蟹每一次的蜕壳时间，掌握蜕壳规律。蜕壳高峰期前 1 周换水、消毒。蜕壳高峰期避免用药、施肥，减少投喂量，保持环境安静。

（六）日常管理

每天早晚巡查，观察水质、河蟹吃食及活动情况，检查防逃设施等，发现问题及时处理。6 月 27 日以后，发现有野鸭和喜鹊偷食河蟹，采取人工驱赶，效果不明显。在养殖过程中，定期抽样进行生长测定，记录生产日志。

（七）捕捞

从 9 月 6 日开始，每天傍晚发现有大量的河蟹上岸，9 月 9 日开始捕捞，以手工抓捕为主，地笼张捕、灯光诱捕为辅，到 9 月 21 日抓捕结束。捕捞的河蟹放入围挡的池塘中进行集中育肥，陆续上市销售。

三、分析与建议

（一）改变水稻栽培方式

"双行靠"的栽培方式增强了稻田的通风和透光性；河蟹在稻田里能够为水稻疏松土壤，提高土壤的通透性；河蟹的蜕壳物、排泄物和吃剩的残饵作为有机追肥，促进了水稻的快速生长，通过农业和渔业的结合，在水稻不减产的情况下，实现了一水两用、一地双收，提高了土地和水资源的利用率，提高了水稻与河蟹的品质，可在符合条件的地方大面积推广。

（二）稻田养蟹减少农药化肥使用

稻田养蟹能够降低生产投入，河蟹能够将稻田中的小型杂草清除，比单种水稻减少人工除草 2~3 次，降低了人工开支；河蟹的蜕壳、粪便和剩饵作为高效追肥，降低了化肥开支；河蟹将稻田中的水生动物、昆虫卵及幼虫作为食物利用，降低了水稻病虫害的发生，减少了农药投入，降低了药费开支。稻田养殖河蟹每亩平均降低生产成本 17% 以上。

（三）注重河蟹秋季育肥

河蟹秋季育肥增重问题，是获得较高经济效益的关键环节。商品蟹对体重的要求非常严格，一般情况下，体重在 100 克的河蟹为标准蟹。河蟹在 8 月最后一次蜕壳后，个体不再长大，吸收的养分主要用于肝脏、性腺等体内营养物质的发育，商品蟹的销售价格主要依靠体重和肥满度决定。加强育肥阶段的管理，后期投喂动物性饲料，能够快速增加商品蟹的体重，提高河蟹的肥满度，从而提高河蟹品质和价格，增加经济效益。

（四）稻田养蟹适合山区推广

山区、半山区要发展渔业，更适合走稻田综合种养的路子。稻田养殖河蟹充分利用了稻田资源优势，也是建设生态农业的好途径，采取"大垄双行、早放精养、测水调控、生态防病、种养结合"的技术，解决了水稻种植与河蟹养殖的矛盾，实现了水稻种植与河蟹养殖有机结合，生产出了优质稻米和商品蟹，是资源节约型、环境友好型的农业产业。

第四节　稻田养殖青蛙

一、案例简介

从 2012 年发展至今，青蛙人工养殖已经实现全程饲料投喂，养殖区域从最初的四川、湖南等少数几省逐步扩大到湖北、江西、安徽、浙江、广东、江苏、重庆。其中，湖北和湖南养殖面积达到 2.5 万亩左右，整体占全国的 60%~70%。据不完全统计，目前青蛙饲料的容量预计达 4 万 ~5 万吨，随着蛙类驯养技术逐渐成熟，青蛙养殖呈快速上升趋势，湖南地区适合青蛙养殖的稻田等水域极多，人工养殖发展迅猛，目前养殖青蛙塘口价格在 30~50 元/千克，现平均亩产 500 千克左右，最高亩产 2000 千克以上，亩均纯收益 10000 元以上，综合效益突出。

2016 年 10 月 16 日，湖南省南县丰年生态青蛙养殖有限公司组织专家现场验收了青树嘴基地稻蛙共生模式 8 亩。现场抽样三点，每点 180 平方米，收入效益如表 8-4 所示。

表 8-4　水稻＋青蛙案例收入明细表（8 亩）

种养收入项目	产量（千克）	单价（元/千克）	产值（元）
水稻	3464	4	13856
青蛙	3664	50	183200
收入合计（元）		197056	
水稻亩产量（千克）		433	
青蛙亩产量（千克）		458	
亩产值（元）		24632	
亩成本（元）		12500	
亩纯利润（元）		12132	

二、技术要点

（一）蛙池设计与建设

青蛙养殖池的设计可以根据具体条件而定。一般不分别设置种蛙、孵化、蝌蚪、幼蛙、成蛙、越冬等池，单池全程养殖即可。应选择在水源充足、排灌方便、水温适宜、没有污染的地方修建蛙池。养殖池的围墙以网类架设即可。外围网的基部埋入地下 15~20 厘米，网内需再用尼龙网围 1 层，以防青蛙撞伤，同时对外来蛇、鼠也有防御作用。养殖池的上方应用网覆盖，以防鸟类的侵害。池底一般以泥土为宜，以利于青蛙入土越冬。

蛙场的设计挖掘可根据各地实际情况进行，一般蛙池的水陆比例为3∶7。可分为水沟、栖息台区、食台区及周围的人行道。一般在池中间线留一条水沟，沟宽 1~2 米，深 0.5~1 米，作种蛙产卵池、蝌蚪培育池与青蛙游泳补水池。向外依次是栖息台区、食台区、内网。栖息台区可以是天然陆地，食台铺设饲料板，饲料板用密眼聚乙烯布制成，规格一般为 1.2 米宽。

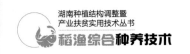
网外再设用作人员管理的通道。养殖场一般建设若干养殖小蛙池，既集中连片，又相对独立，便于日常观察与饲料管理，每个小蛙池以150~200平方米为宜。

养殖基地模仿青蛙的生长环境，每个蛙田里开挖有回形池，即1米宽的环状水沟，作为青蛙的"游泳池"。水沟外围是青蛙的食台，回形池中央有田块，用以种植优质水稻，同时也作为青蛙栖息的场所。

（二）青蛙亲本繁殖

种蛙的选择一般选择已驯化成功，转变食性的青蛙作种蛙，一般以2龄蛙为好，也可从当年的商品蛙中选择性腺发育程度较好的留作种蛙。雌雄比为1∶1为宜。

青蛙每年3~4月产卵，北方产卵迟些，南方各省快至2月就开始产卵。种蛙抱对、交配、产卵的早晚与气温、饲养池的水温及水的深度有很大关系，当水温低于15℃时雌雄蛙开始抱对，18℃~28℃是最适宜的产卵温度。

青蛙产下的卵又小又软，圆形，卵外有胶质膜保护，并互相吸附成片浮于水面，或附着在水草上。如果卵沉入池底，必须设法使之附在水草上。采卵时间在每天早上7时到9时，将蛙卵捞起，放于桶中，再轻轻地放入盛卵网内。放卵时要尽量保持原来的方向，即动物极朝上。同一批卵要放在同一盛卵网中，这样孵出来的蝌蚪大小一致，方便管理。在孵化期，水温必须保持在20℃~25℃。在换水或转移时，如水温突然升到5℃以上或低于4℃、高于28℃或强烈惊动均可导致卵块死亡。因此，观察蛙卵孵化时动作要轻，不能随意搅动池水，以免蝌蚪幼体漂离卵膜，影响成活率。经过两天孵化，蛙卵略能摇动，3~4天即成蝌蚪形态，5天左右孵化成小蝌蚪。

（三）青蛙蝌蚪养殖

1. 蝌蚪的饲养管理

刚孵化出的小蝌蚪喜欢群集在一起，并附着在卵膜上或水草上。这时水温应保持在23℃~25℃。5~7天内小蝌蚪对外界环境的适应能力很弱，死亡率最高。水中缺氧、水质过肥、水温突然变化均可引起蝌蚪的大量死亡甚至全部死亡。最好是蝌蚪留在原盛卵网加深水饲养 7~10 天后再撤网整池饲养，这样能提高成活率。撤盛卵网时蝌蚪尚小，游泳能力差，须靠吸盘附着休息，蛙池内要多放些树枝和水草等以便蝌蚪吸附。

蝌蚪的饲料要特别注意更新，同时要根据蝌蚪的不同生长时期而供应。撤网 5 天以后蝌蚪开始取食浮游藻类，可以供应些豆浆、少量蛋黄，每天 1 次。动物性与植物性饲料要互相增加，可以增加精料，用玉米和麦麸 1∶2 煮成糊状加在植物性饲料中一起喂，每天 3~4 次。18℃~28℃的条件下，饲料供给正常，青蛙孵化后 30 天左右后肢开始长出。约经 15 天又长出前肢，此时蝌蚪开始登陆并停止摄食，靠吸收尾巴供给养料，经 5~7 天，青蛙尾部吸收完毕，整个蝌蚪时期为 50 天左右。

2. 幼蛙及成蛙的饲养管理

刚上岸的幼蛙要求水温在 20℃~28℃为宜，水质要清洁。池水要求 50 厘米左右，养殖池中留 1/3 的陆地，供幼蛙栖息。在同一池内，力求大小、强弱一致。要注意调节密度，以 100~150 只/米^2 左右为宜。

幼蛙经过驯化，可以摄食人工配合饲料，目前市场上供应的蛙饲料为全价配合膨化饲料，蛋白含量为 40% 左右。每日投喂 3 次，全天投喂量为蛙重的 5%。值得注意的是，一旦驯食成功，不可随意变换饲料，尤其是不可再投喂活饵，否则前功尽弃。成蛙的管理与幼蛙大体相同，只是膨化料每日按蛙的体重的 3% 左右投喂；蛋白质含量可适当降低至 36% 左右。

由于蛙摄食量大，排泄物多，水质容易受到污染，因此如果水源方便，要适时更换池水，保持水质清新。定期用氯制剂或碘制剂进行水体及食台消毒，经常使用微生态制剂改良水质。每天坚持早晚两次巡塘，观察蛙的活动情况、栖息状况、摄食情况、水质变化等，发现问题及时处理。

三、分析与建议

青蛙人工养殖是水产养殖品种的必要补充，是发展水产名、特、优、土著品种中重要的一环，目前青蛙养殖与鱼类养殖比较，具有投资少、见效快、效益好，对环境要求不高，能提高稻田综合种养的经济效益，提高农民的种粮积极性，提高土地利用率的优势；同时特别适合在高山地区有地下泉水的峡谷、溪沟、盆地、荒山、荒坡、闲置水域等养殖，因为水质条件好，水温恒定，冬暖夏凉，春季繁殖时间提前，成活率高，幼蛙供种早，产量高，正好弥补了山区水产养殖的薄弱环节，是山区脱贫致富的好项目。

（一）关注水源、水质

蛙池中的土改变很难，更多可改变的是水，带走排泄物、培养有益藻菌、进水滤网。进、排水需分开，井水等硬度过高的水不合适（有铁锈气味）。需修建蓄水池，面积占场地的 5% 左右，用于曝气、定向培藻，定期培藻、改底，改善水质、底泥，保证水的适当流动，利于带走有害的排泄物、残饵。

（二）苗池及苗种准备

放养前要进行清池消毒，建设完成后，全池满水杀灭黄鳝、龙虾及其他生物。放蝌蚪前 10~20 天，全池用生石灰清池消毒，生石灰块每亩用量 100~150 千克，满水清池。消毒后 10 天以上才可放苗。消毒区域包含进水沟、排水沟、蓄水池。然后进行培水，蝌蚪开口时摄食浮游生物，下蝌蚪前须培肥，建议使用生物鱼肥、乳酸菌或 EM 菌。

苗种运输打包时必须保证氧气充足，排气再充氧，避免在天气突变时放苗。建议在上午 9 时到 11 时、下午 4 时到 5 时放苗。氧气袋放入池中 30 分钟以上再将蝌蚪放入池中，每个池中投放相同日期孵化的蝌蚪，避免大小差异，每个标准池（200 平方米）投放 3 万 ~4 万蝌蚪。

（三）做好驯食

回形池的休息区不建议过宽，单沟池的食台区则应适当加宽；除草，过密的草严重影响幼蛙上食台；选择天气晴好 3~5 天后打除草剂，防止中毒；遮阴网建设在驯食完成后；食台优先摆放四个角，再逐步增加，与边网之间保持 5 厘米左右的间隙；选择营养全面的幼蛙料，如湘大、通威等大集团专业蛙料；变态时蝌蚪的大小对驯食的速度影响很大，蝌蚪必须保证充足的营养。

第五节　稻田养殖中华鳖

一、案例简介

稻田养殖中华鳖能够充分利用稻田的浅水环境，使稻田的水资源、杂草资源、水生动物资源、稻田昆虫，以及其他物质和能源充分被中华鳖所利用，同时也利用养殖中华鳖，达到为稻田除草、除虫、疏土和增肥的作用，取得稻鳖互利双收的效果，真正实现"田面种稻、水体养鳖、鳖粪肥田、鳖稻共生、鳖粮双收"。

2017 年在湖南省益阳市南县乌嘴乡罗文村开展稻鳖种养，水稻收割后将环沟、坑池内的中华鳖陆续起捕上市，稻田每亩投放中华鳖种苗 80 千克，年底产量 233 千克 / 亩，鳖净产量 143 千克 / 亩，稻田中华鳖品质好，卖相佳，价格为 75 元 / 千克，每亩稻田中华鳖收入达 16725 元。水稻亩产量 509 千克，亩收入 1628 元，亩总收入 18369 元，刨去围栏、鳖苗、饲料、人工、水电、水稻种植等亩成本 9500 元，亩净利润 8869 元。取得了非常好的经济效益，值得总结推广。

表 8-5　水稻 + 中华鳖案例收入明细表（70 亩）

种养收入项目	产量（千克）	单价（元/千克）	产值（元）
水稻	35640	3.2	114048
中华鳖	15624	75	1171800
收入合计（元）			1285848

续表

水稻亩产量（千克）	509
中华鳖亩产量（千克）	223
亩产值（元）	18369
亩成本（元）	9500
亩纯利润（元）	8869

二、技术要点

（一）稻田选择

试验稻田位于南县罗文村龟鳖产业园，面积 70 亩，稻田集中连片，水源充足，水质清新无污染，水质理化指标符合渔业养殖用水标准，进排水方便，土壤肥沃且保水性能较高。所选稻田远离交通要道、环境幽静、避风向阳、便于看护，符合中华鳖"三喜三怕"（喜静怕惊、喜阳怕风、喜洁怕脏）的生态习性。稻田土壤为黏性壤土，渗透性小、保水性强。

（二）稻田改造

1. 加固田埂

稻田四周建田埂，田埂顶部宽 2 米，田埂高度比稻田田面高出 1 米左右，坡比相对较大为 1∶3，便于中华鳖休息、晒背、产卵等活动。田埂加固，加固时每层土都要夯实，做到不裂、不漏、不垮，在满水时不能崩塌，确保田埂保水性能强。

2. 开挖鳖沟

在稻田内距田埂 1 米左右沿埂周围开挖宽度为 3 米、深度为 1.2 米的口字形鳖沟，并在稻田四角分别开挖 4 个坑池，坑池长、宽、深为 5 米×4 米×1.5 米，在夏季高温季节，特别是干旱季节能够为中华鳖提供活动、摄食、避暑场所。开挖鳖沟、坑池土方用来加高加固田埂。经过改造后的稻田田埂、鳖沟、水稻种植面积比为 1∶1∶8。进排水口设置于稻田相对角的田埂下面，进排水管由阀门控制，阀门控制严密无漏洞，进排水口设置铁质防逃网，避免进排水时中华鳖逃走。

3. 防逃设施

在养殖期间为了防止中华鳖逃走，在稻田田埂上搭建防逃设施。防逃设施选择加强的塑料薄板，在田埂上方距离田埂斜面1米外沿稻田四周挖约20厘米深的沟，将塑料薄板埋入沟中，保证塑料薄板露出田埂面50厘米左右，塑料薄板每隔1.5米由木棍支撑固定。防逃塑料薄板在四角做成弧形，防止中华鳖沿夹角爬出逃离。进排水口用铁丝网紧密封闭。

（三）饵料台和晒背台

在鳖沟中每相隔10米放置一块宽1米、长1.8米木板作为中华鳖饵料台和晒背台，木板一端固定在田埂上，便于中华鳖摄食和晒背，水大时也不会被水流冲走，另一端沉入水中15厘米左右。鳖沟采用生石灰干法消毒，方法是先排出鳖沟中的大部分水后留水15厘米左右，以鳖沟、鳖溜面积计算每亩用生石灰150千克化水泼洒杀菌消毒，杀灭致病菌和其他有害生物。经过7天的曝晒后注入新水。

（四）水草移栽

鳖沟注入新水后向沟内移植水花生，水花生覆盖面积不能超过鳖沟、鳖溜总面积的30%，其目的就是夏季高温季节由于水位较低可为中华鳖提供遮阳、躲避的场所和净化水质。水花生主要移植于鳖溜中，鳖沟中也要设置一部分，但由于其滋生速度很快，可用浮竹竿做成正方形将其固定在水面。

（五）鳖苗放养

稻田养鳖首选中华鳖，因其抗病力强、病害少、适应性强，有较强的生长优势，鳖苗要从国家认可的良种场选购，切不可图便宜随意购买。中华鳖苗种在水稻插秧20天后进行投放。水稻中华鳖共生养殖对中华鳖来说类似于野生状态，为了在水面封冻前达到较大的上市规格、卖个好价钱，投入的中华鳖苗种规格最好选择大规格的，试验选择鳖苗规格420克/只左右，放养密度为200只/亩。所选幼鳖体表光洁、无病无伤、体形宽大、体质健壮、反应灵敏、规格整齐，裙边厚实且平直。放苗前幼鳖需要用浓度为 20 毫克/升的高锰酸钾浸泡 10~15 分钟进行消毒，杀灭幼鳖体表所携带的病原菌及寄生虫。

（六）水位水质调控

对于中华鳖来说当然是水越多越好，但稻鳖生态共生种养是以种稻为主、辅以养鳖。在栽种秧苗 15 天内保持浅水位大概 10 厘米左右，这样有利于提高水温和地温，促进稻苗发芽生根；随着秧苗进入生长旺盛期，进行抽穗、扬花、灌浆均需要大量的水，此时可以逐步提高水位，保持稻田水位在 20~25 厘米，以确保水稻和中华鳖对水的需要。在水稻进入有效分蘖期后要进行浅灌，进入无效分蘖期后可调节水深至 20 厘米。同时注意观察鳖沟内水质变化情况，可每半个月每亩用 15~20 千克生石灰进行消毒；在夏季高温季节还要加注新水、更换老水，每月换水 3~4 次，每次的换水量在 10 厘米左右。

（七）科学用药

水稻田养殖中华鳖用药要做到稻鳖兼顾，既要保证水稻不发生重大病害，又要保证用药不能对中华鳖造成伤害。用药的基本原则是没必要用药时坚决不用，用药粉剂在早晨露水未干时喷施，水剂和乳剂在下午喷施。所以，为了保护中华鳖的生长环境和降低用药对其造成的影响，即使必须用药时也应选择高效低毒的农药或生物制剂，特别是严禁使用一些含磷类、菊酯类、拟菊酯类等毒性较强的药物，用药时尽量加深稻田的水量，降低药物的浓度，减少使用药物对中华鳖造成的影响和危害。如果条件允许也可缓慢放干稻田的水，待鳖都进入鳖沟后再用药，用药后 8~10 小时恢复正常水位。

三、分析与建议

稻田养鳖以"大垄双行、早放精养、种养结合、稻鳖双赢"技术为依托，不仅增加了中华鳖和水稻增产的收入，还减少了治虫用药、追施肥料等支出，同时还节省了除草用工等开支。由于稻田浅水环境的充分利用，水稻亩产为 652 千克，与普通水稻相比没有减产，但质量有明显提高。同时每亩增加了 223.2 千克中华鳖的产量，使稻田每亩收入提高，能够极大促进农户的种养积极性。

稻田中华鳖生态共养技术的推广，实现了稻田从单一种植结构转变为种养结合的立体复合结构，达到了提高稻田综合产出的目的，必定能够促进农村经济的发展，实现经济效益、社会效益和生态效益的统一。同时也优化了农村农业经济结构，提高了资源利用率，把水稻种植技术与水产养殖技术有机结合在一起，增加了单位面积农业经济效益，调动农民种养积极性，对稳定粮食生产、调整产业结构有着重要的意义。

第六节　稻田养殖禾花鲤

一、案例简介

稻鱼综合种养发挥了水稻和鱼共生互利的作用，从而获得双水（水稻＋水产品）、双绿（绿色无公害）双丰收。有利于稻田除虫、除草、保肥、增肥、松土，减少了除草等劳动力投入和农药化肥使用，提高了经济效益和生态效益。郴州市北湖渔歌生态休闲农业开发有限公司，在北湖区鲁塘镇长塘村建立核心示范区 100 亩，稻鱼示范户 15 户，取得了较好的养殖示范效果。

表 8-6　水稻＋禾花鲤案例支出、收入明细表（50 亩）

支出项目	价格（元）	收入项目	产量（千克）	单价（元/千克）	产值（元）
水稻费用	6000	水稻	23350	3	70050
鲤鱼苗种费	10000	禾花鲤	2198	46	101108
药物	0	合计			171158

续表

支出项目	价格（元）		
饲料	11000	水稻亩产量（千克）	467
肥料	13700	鲤鱼亩产量（千克）	43.96
劳工费	12000	亩产值（元）	3423
水电费	5000	亩成本（元）	1154
支出合计	57700	亩纯利润（元）	2269

单种水稻亩成本：劳工费100元、稻种费120元、化肥费200元、有机肥费80元、农药费90元、机耕等其他开支100元，总计690元。亩产值：$452 \times 2.6 = 1175.2$元，亩利润：$1175.2 - 690 = 485.2$元

二、技术要点

（一）稻田选择

选择单块面积1亩以上，光照条件好、土质保水保肥、水源方便、排灌自如、交通便利，能相对连片50亩以上的田块。

（二）基础设施

鱼坑在稻田进水口方向，面积占大田面积的5%左右，深度0.8米以上。田埂四周加高至0.6米，埂面宽40厘米以上。进排水口设置间距20~30厘米的拱形拦鱼栅，防止逃鱼。

（三）水稻品种与种植

选择单季稻品种玉针香，栽培密度株距20厘米、行距25厘米，插秧时间6月5日。

（四）鱼种放养

鱼苗种放养前10~12天，鱼坑保持20厘米水位，用生石灰100克/米^{2}或漂白粉10克/米^{2}均匀撒入消毒。鱼坑消毒后3~5天放水，7~10天后放鱼。鱼种为适合稻田种养的国家水产新品种芙蓉鲤鲫，下塘时用3%食盐水浸泡消毒，注意水温温差不超过5℃，每亩投放规格35~40尾/千克的冬片鱼种 200 尾。

（五）日常管理

鱼种下塘至入大田前，屯养在鱼坑中。先投喂 10 天细糠（1 千克/天），然后再投喂 70 天左右的菜籽饼（1 千克/天）。稻禾返青后连通鱼沟，加高大田水位至 20 厘米，让鱼在大田和坑塘间自由摄食与生活。此间，至水稻抽穗扬花期，继续投喂菜籽饼。

投喂时间为 1 天 2 次，上午为 8 时左右，下午为 2 时左右，投喂菜籽饼采用挂桩法（在鱼坑中立木桩横钉钉，菜籽饼绳穿孔挂上），供鱼慢慢摄食。坚持"四定"原则，每 3 天更换 1 次，未食完的投入鱼塘中作为肥料。养殖过程中，经常巡视坑塘和田埂。检查进排水系统是否有逃鱼隐患，防旱防洪。观察鱼的活动、摄食情况，调整投饵量。

三、分析与建议

（一）水产品品质

郴州市高海拔山区稻田山垄田，其底质为砂石土，土质渗透能力强，水质自我调节能力强，无企业与生活污染。高海拔山区水温低，养殖周期长、密度低、养殖鱼类品质好、无泥腥味，符合无公害、绿色水产品要求，"郴州高山禾花鱼"于 2017 年成功获批国家农产品地理标志证书。采用头年放养夏花养成冬片，第二年冬片到成鱼的养殖模式，较长的生长期形成其优良的品质，该地区的生态鱼基本单价都维持在 80 元/千克以上。

（二）水稻米品质

试验水稻按生产有机绿色、无公害大米的发展方向执行，整个种养周期不使用任何农药，少施化肥、多施生物有机肥，水稻产品品质得到很好的提升。通过对大米商标的申请注册，逐步形成大米商标品牌，发展成有机（绿色、无公害）大米产业链，进一步提高经济效益。

（三）注意防洪

利用山垄田建立的稻田养鱼，由于地势高差较大，低处稻田易受水浸漫，受暴雨影响，土埂容易坍塌，应注意加强防洪工作。

（四）稻渔模式升级

受基本农田保护政策和农田承包到户的影响，土地调整十分困难，开挖鱼塘受到限制。在不改变种粮模式，不减少粮食产量的前提下，把水产养殖和水稻种植结合起来，具有非常好的经济效益与生态效益，值得大力推广。

芙蓉鲤鲫、湘西呆鲤等禾花鲤鲫品种，有利于水稻除虫防病，减少水稻用药。合理施肥投饵，既有利于水稻生长发育，确保水稻高产优质，又有利于鱼类栖息生活。如果要提高养殖效益，可以发展稻蟹、稻鳅等生态种养模式，进一步调整稻田养殖品种。

第七节　稻田养殖泥鳅

一、案例简介

泥鳅因其味道鲜美，肉质细嫩，营养丰富，在医学上也具有较高的药用价值，素有"水中人参"之美称，多年来一直备受湖南省广大消费者的青睐，市场价格一直看涨。近年来，湖南省加大发展稻田泥鳅养殖推广力度，采取政策引导、典型引路、技术指导、资金扶持等方式，不断推动稻田泥鳅特色养殖业蓬勃发展。湖南省保靖县的复兴镇是特色养殖示范点，保靖县畜牧水产局引导村民投资 20 余万元，成立了千丘荷畜牧水产公司，在复兴镇普溪村承包了 150 亩稻田，从附近的集贸市场购买当地泥鳅和大鳞副鳅进行自繁自养，带头发展稻田泥鳅养殖业。

表 8-7　水稻＋泥鳅案例支出、收入明细表（15 亩）

支出项目	价格（元）	收入项目	产量（千克）	单价（元/千克）	产值（元）
水稻费用	3300	水稻	7200	10	72000
泥鳅苗种费	5400	泥鳅	750	24	18000
基础设施费	2000	收入合计（元）			90000

续表

支出项目	价格（元）		
饲料	5000	水稻亩产量（千克）	480
肥料	0	泥鳅亩产量（千克）	50
劳工费	12000	亩产值（元）	6000
水电费	1000	亩成本（元）	1893
支出合计	28400	亩纯利润（元）	4107

二、技术要点

2013 年选择保靖县复兴镇普溪村的有机稻生产基地作为试验基地，该基地共有稻田 800 亩，排灌方便，水源较好。附近方圆 15 千米无工业污染，水源上游无工业污染，是较理想的有机稻生产基地。选择 15 亩试验田开展技术试验。

（一）年前准备

由于有机稻生产不能使用任何农药、化肥等化学合成物质，因此头年冬季要做好深翻地，将秸秆、稻草充分切碎，均匀撒在稻田中，然后进行深翻，将秸秆、稻草与土壤混匀。利用天寒地冻深翻转土地以冻死部分害虫。春耕时节提前 25 天做好整地，在稻田中均匀撒施优质农家肥，再深翻地 1 次。放水 10 厘米，每亩洒生石灰 75 千克，2 次耙地，杀灭杂草和部分病菌。

（二）泥鳅防逃

放养前 10 天在稻田四周布设泥鳅防逃网，用聚乙烯网，高 50 厘米，向内倾斜，底部压实。进水口与稻田落差 10 厘米以上，通过水管进出水，再加防逃网。

（三）施足基肥

采用手工和生物防治相结合的办法种植水稻，除草、防病等技术环节均由农艺措施代替。每公顷施用腐熟农家肥 40~45 立方米，一次性施入做基肥，以畜禽粪为主，人粪尿为辅。放养前在鱼沟内铺 25 厘米左右的鸡粪、猪粪、牛粪等混合有机肥料，肥料上覆盖 8 厘米稻草和 10 厘米泥土。

（四）开挖鱼沟

鱼沟视稻田的大小，以井字形或十字形开挖。以宽 60 厘米、深 50 厘米为好，每隔 10 米再挖 1 个 3 平方米的大坑。

（五）养殖管理

鳅种放养时间在稻田插秧后 12 天进行。放养前注意选择规格一致、体质健壮、无伤无病、体色鲜艳的鳅种。每亩放养鳅种 13 千克，规格为 100~130 尾/千克，以笼捕为好，用 5% 食盐水浸洗鱼种 15 分钟。

饲养管理在摄食旺季的 7 月到 10 月，投以麦麸、蚯蚓、豆渣、豆饼等天然食物，投饵地点选在鱼沟内。泥鳅抗病能力较强，病害较少。放养时控制好鱼种质量，做到体表无伤，活动力强，体质健壮。放养前用 5% 食盐水浸洗鱼种 15 分钟，可防水霉病的发生。养殖期间，每半个月向鱼沟撒 1 次 10 克/米^3 的生石灰，起到消毒防病作用。适时加注新水，以调节水温和改善水质。在鱼沟里放入适量的中草药（如五倍子、大黄、大蒜、穿心莲、马尾松、菖蒲）进行鱼病防治。

（六）捕获泥鳅

捕获泥鳅的起捕方法较多，有笼捕、网捕等，通常采用鳅笼放饵诱捕。将笼设置在稻田的鱼沟里，在笼中放进小麦粉、米糠和鱼粉煮熟后做成的饵料团。因泥鳅晚间出来摄食，笼子设置时间一般选在晚上，2 小时收获 1 次。利用这种方法捕捞，效果较好。

三、分析与建议

有机稻生产不施农药化肥，除草、防病靠人工及生物方法，产量较低。水稻稻纵卷叶螟及水稻稻瘟病较难防治，市场缺少生物制剂防病药。大力发展预防水稻疾病的生物制剂将有很大的商机和发展潜力。有机稻要形成规模化、产业化才有价格优势。有机稻形成规模后价格比一般水稻高 8~9 倍。

稻田套养泥鳅是一条农民致富的新路子，有机稻、泥鳅价格均较高，通过套养泥鳅增加收入提高经济效益，可以弥补有机稻产量低、产值低的不足。

稻田套养泥鳅的关键技术是人工除草、生物防病以及泥鳅防逃。防逃网时常被田鼠咬破，不及时修补，泥鳅会逃走。因此要每天巡视田间，观察水稻及泥鳅的生长情况，及时做好驱鸟、防鼠、防逃等工作。

附录
稻渔综合种养技术规范（节选）

王冬武

第一部分　通　则
（SC/T 1135.1−2017）

《稻渔综合种养技术规范》（SC/T 1135）分为6个部分：

——第一部分：通则；

——第二部分：稻鲤；

——第三部分：稻蟹；

——第四部分：稻虾（克氏原螯虾）；

——第五部分：稻鳖；

——第六部分：稻鳅。

本部分为 SC/T 1135 的第一部分。

1　范围

本部分规定了稻渔综合种养的术语和定义、技术指标、技术要求和技术评价。

本部分适用于稻渔综合种养的技术规范制定、技术性能评估和综合效益评价。

2 规范性引用文件

下列文件对于本标准的应用是必不可少的。凡是注日期的引用文件，仅注日期的版本适用于本文件。凡是不注日期的引用文件，其最新版本（包括所有的修改单）适用于本文件。

GB 2763 食品安全国家标准 食品中农药最大残留限量

GB/T 8321.2 农药合理使用准则（二）

GB 11607 渔业水质标准

NY 5070 无公害农产品 水产品中渔药残留限量

NY 5071 无公害食品 渔用药物使用准则

NY 5072 无公害食品 渔用配合饲料安全限量

NY 5073 无公害食品 水产品中有毒有害物质限量

NY 5116 无公害食品 水稻产地环境条件

NY/T 5117 无公害食品 水稻生产技术规程

NY/T 5361 无公害食品 淡水养殖产地环境条件

SC/T 9101 淡水池塘养殖水排放要求

3 术语和定义

以下术语和定义适用于本文件。

3.1 共作

在同一稻田中同时种植水稻和养殖水产、养殖动物的生产方式。

3.2 轮作

在同一稻田中有顺序地在季节间或年间轮换种植水稻和养殖水产养殖动物的生产方式。

3.3 稻渔综合种养

通过对稻田实施工程化改造，构建稻渔共作轮作系统，通过规模开发、产业经营、标准生产、品牌运作，能实现水稻稳产、水产品新增、经济效益提高、农药化肥施用量显著减少，是一种生态循环农业发展模式。

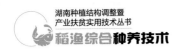

3.4 茬口

在同一稻田中种植和水产养殖的前后季作物、水产养殖动物及其替换次序的总称。

3.5 沟坑

用于水产养殖动物活动、暂养、栖息等用途而在稻田中开挖的沟和坑。

3.6 沟坑占比

种养田块中沟坑面积占稻田总面积的比例。

3.7 田间工程

为构建稻渔共作轮作模式而实施的稻田改造，包括进排水系统改造、沟坑开挖、田埂加固、稻田平整、防逃防害防病设施建设、机耕道路和辅助道路建设等内容。

3.8 耕作层

经过多年耕种熟化形成稻田特有的表土层。

4 技术指标

稻渔综合种养应保证水稻稳产，技术指标应符合以下要求。

4.1 水稻单产

平原地区水稻产量每亩不低于 500 千克，丘陵山区水稻单产不低于当地水稻单作平均单产。

4.2 沟坑占比

沟坑占比不超过 10%。

4.3 单位面积纯收入提升情况

与同等条件下水稻单作对比，单位面积纯收入平均提高 50% 以上。

4.4 化肥施用减少情况

与同等条件下水稻单作对比，单位面积化肥施用量平均减少 30% 以上。

4.5 农药施用减少情况

与同等条件下水稻单作对比，单位面积农药施用量平均减少 30% 以上。

4.6 渔用药物施用情况

无抗菌类和杀虫类渔用药物使用。

5 技术要求

5.1 稳定水稻生产

5.1.1 宜选择茎秆粗壮、分蘖力强、抗倒伏、抗病、丰产性能好、品质优、适宜当地种植的水稻品种。

5.1.2 稻田工程应保证水稻有效种植面积，保护稻田耕作层，沟坑占比不超过 10%。

5.1.3 稻渔综合种养技术规范中，应按技术指标要求设定水稻最低目标单产。共作模式中，水稻栽培应发挥边际效应，通过边际密植，最大限度保证单位面积水稻种植穴数；轮作模式中，应做好茬口衔接，保证水稻有效生产周期，促进水稻稳产。

5.1.4 水稻秸秆宜还田利用，促进稻田地力修复。

5.2 规范水产养殖

5.2.1 宜选择适合稻田浅水环境、抗病抗逆、品质优、易捕捞、适宜于当地养殖、适宜产业化经营的水产养殖品种。

5.2.2 稻渔综合种养技术规范中，应结合水产养殖动物生长特性、水稻稳产和稻田生态环保的要求，合理设定水产养殖动物的最高目标单产。

5.2.3 渔用饲料质量应符合 NY 5072 的要求。

5.2.4 稻田中严禁施用抗菌类和杀虫类渔用药物，严格控制消毒类、水质改良类渔用药物施用。

5.3 保护稻田生态

5.3.1 应发挥稻渔互惠互促效应，科学设定水稻种植密度与水产养殖动物放养密度的配比，保持稻田土壤肥力的稳定性。

5.3.2 稻田施肥应以有机肥为主，宜少施或不施用化肥。

5.3.3 稻田病虫草害应以预防为主，宜减少农药和渔用药物施用量。

5.3.4 水产养殖动物养殖应充分利用稻田天然饵料，宜减少渔用饲料投喂量。

5.3.5 稻田水体排放应符合 SC/T 9101 的要求。

5.4 保障产品质量

5.4.1 稻田水源条件应符合 GB 11607 的要求，稻田水质条件应符合 NY/T 5361 的要求。

5.4.2 稻田产地环境条件应符合 NY 5116-2002 的要求，水稻生产过程应符合 NY/T 5117 的要求。

5.4.3 稻田中不得施用含有 NY 5071 中所列禁用渔药化学组成的农药，农药施用应符合 GB/T 8321.2 的要求，渔用药物施用应符合 NY 5071 的要求。

5.4.4 稻米农药最大残留限量应符合 GB 2763 的要求，水产品渔药残留和有毒有害物质限量应符合 NY 5070、NY 5073 的要求。

5.4.5 生产投入品应来源可追溯，生产各环节建立质量控制标准和生产记录制度。

5.5 促进产业化

5.5.1 应规模化经营，集中连片或统一经营面积应不低于 66.7 公顷，经营主体宜为龙头企业、种养大户、合作社、家庭农场等新型经营主体。

5.5.2 应标准化生产，宜根据实际将稻田划分为若干标准化综合种养单元，并制定相应稻田工程建设和生产技术规范。

5.5.3 应品牌化运作，建立稻田产品的品牌支撑和服务体系，并形成相应区域公共或企业自主品牌。

5.5.4 应产业化服务，建立苗种供应、生产管理、流通加工、品质评价等关键环节的产业化配套服务体系。

6 技术评价

6.1 评价目标

通过经济、生态、社会效益分析，评估稻渔综合种养模式的技术性能，并提出优化建议。

6.2 评价方式

6.2.1 经营主体自评

经营主体应每年至少开展一次技术评价，形成技术评价报告，并建立技术评价档案。

6.2.2 公共评价

成立第三方评价工作组，工作组应由渔业、种植业、农业经济管理、农产品市场分析等方面专家组成，形成技术评价报告，并提出公共管理决策建议。

6.3 评价内容

6.3.1 经济效益分析

通过综合种养和水稻单作的对比分析，评估稻渔综合种养的经济效益。评价内容应至少包括：

a）单位面积水稻产量及增减情况；

b）单位面积水稻产值及增减情况；

c）单位面积水产品产量；

d）单位面积水产品产值；

e）单位面积新增成本；

f）单位面积新增纯收入。

6.3.2 生态效益评价

通过综合种养和水稻单作的对比分析，评估稻渔综合种养的生态效益。评价内容应至少包括：

a）农药施用情况；

b）化肥施用情况

c）渔用药物施用情况；

d）渔用饲料施用情况；

e）废物废水排放情况；

f）能源消耗情况；

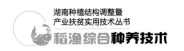

g）稻田生态改良情况。

6.3.3 社会效益评价

通过综合种养和水稻单作的对比分析，评估稻渔综合种养的社会效益。评价内容应至少包括：

　　a）水稻生产稳定情况；

　　b）带动农户增收情况；

　　c）新型经营主体培育情况；

　　d）品牌培育情况；

　　e）产业融合发展情况；

　　f）农村生活环境改善情况；

　　g）防灾抗灾能力提升情况。

6.4 评价方法

6.4.1 效益评价方法

通过稻渔综合种养模式，与同一区域中水稻品种、生产周期和管理方式相近的，水稻单作模式进行对比分析，评估稻渔综合种养的经济、生态、社会效益。

效益评价中，评价组织者可结合实际，选择以标准种养田块或经营主体为单元，进行调查分析。稻渔综合种养模式中稻田面积的核定应包括沟坑的面积。单位面积产品产出汇总表、单位面积成本投入汇总表填写参见附录A、附录B。

6.4.2 技术指标评估

根据效益评价结果，填写模式技术指标评价表（参见附录C）。第四章的技术指标全部达到要求，方可判定评估模式为稻渔综合种养模式。

6.5 评价报告

技术评价应形成正式报告，至少包括以下内容：

　　a）经济效益评价情况；

　　b）生态效益评价情况；

c）社会效益评价情况；

d）模式技术指标评估情况；

e）优化措施建议。

附录A 单位面积产品产出汇总表

综合种养模式名称：

综合种养主体名称：

经营主体名称： 联系人： 联系电话：

调查取样序号	综合种养（评估组）									水稻单作（对照组）				单位面积水稻产量增减（kg）	单位面积产值总增减（元）
	水稻种养面积（亩）		水稻产出			水产产出			水稻种植面积（亩）	水稻产出					
	水稻种养面积	沟坑面积	产量（kg）	单价（元）	单产（kg）	产量（kg）	单价（元）	单产（kg）		产量（kg）	单价（元）	单产（kg）			
A	B	C	D	E	F	G	H	I	J	K	L	M		N	O

记录人签字： 调查日期： 年 月 日

注1：增量在数字前添加符号"+"，减量添加符号"-"。

注2：表内平衡公式：F=D/（B÷C）；M=K/J；N=F-K；O=D×E-G×H。

注3：表中单价指每千克的价格；单产指每亩的产量；单位面积指亩。

附录 B　单位面积成本投入汇总表

综合种养模式名称：

经营主体名称：　　　　　　联系人：　　　　　　联系电话：

调查取样序号	对比分析项目	物质投入								其他					单位面积投入合计（元）	单位面积投入增减（元）
		劳动用工		稻种/秧苗费	化肥费	有机肥费	农药费	水产苗种费	饲料费	渔药费	田（塘）租费	设施设备改造费	服务费（机耕/机收）	产品加工费	产品营销费	其他费用		
			劳动用工费															
	综合种养（评估组）																	
	水稻单作（对照组）																	
	综合种养（评估组）																	
	水稻单作（对照组）																	

记录人签字：　　　　　　　　　　调查日期：　　　年　　月　　日

注 1：增量在数字前添加符号"+"，减量添加符号"-"。

注 2：表中单位面积指亩。

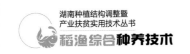
附录 C　模式技术指标评价表

综合种养模式名称：

经营主体名称：					
联系人：			联系电话：		
序号	评价指标	指标要求	评价结果	结果判定	
1	水稻单产	平原地区水稻产量每亩不低于 500 kg，丘陵山区水稻单产不低于当地水稻单作平均单产		□合格	□不合格
2	沟坑占比	沟坑占比不超过 10%		□合格	□不合格
3	单位面积纯收入提升情况	与同等条件下水稻单作对比，单位面积纯收入平均提高 50% 以上		□合格	□不合格
4	化肥施用减少情况	与同等条件下水稻单作对比，单位面积化肥施用量平均减少 30% 以上		□合格	□不合格
5	农药施用减少情况	与同等条件下水稻单作对比，单位面积农药施用量平均减少 30% 以上		□合格	□不合格
6	渔用药物施用情况	无抗菌类和杀虫类渔用药物施用		□合格	□不合格
模式评定：　评估模式是否为稻渔综合种养模式：□是　　□否					
其他评价说明：					
评价人签字：　　　　　　　　　　　　　日期：　　　年　　　月　　　日					
注：技术指标全部达到要求，方可判定评估模式为稻渔综合种养模式。					

参考文献
Reference

［1］魏兴华，汤圣祥. 中国常规稻品种图志［M］. 杭州：浙江
　　　科学技术出版社，2011：225-256.

［2］中国水产学会. 中国稻渔综合种养产业发展报告（2018）
　　　［J］. 中国水产，2019，1：20-27.

［3］王祖峰. 发展稻渔综合种养 打造绿色生态循环农业典范
　　　［J］. 中国水产，2018，9：43-45.

［4］刘文玉. 我国稻渔综合种养的内涵特征发展现状及政策建议
　　　［J］. 农业与技术，2018，19：107-108.

［5］杨天娇，易芙蓉，傅志强. 稻虾种养模式的经济效益评价及
　　　节本增效途径分析——基于南县的实证研究［J］. 作物研
　　　究，2019，5：432-436.

［6］易芙蓉，杨天娇，赵宇辰，等. 稻虾共作对稻田土壤耕作
　　　层养分的影响——基于南县的实证分析［J］. 作物研究，
　　　2019，5：424-427.

［7］宋玉萍. 绿色无公害水稻高产栽培关键技术分析［J］. 农业
　　　与技术，2019，16：87-88.

［8］杨勇. 稻渔共作生态特征与安全优质高效生产技术研究
　　　［D］. 扬州：扬州大学，2004.

［9］冯亚明，杨智景，顾海龙，等. 稻田生态养殖青虾技术
　　　［J］. 农业工程技术，2018，32：68-73.

［10］李媛媛.稻蟹种养生态养殖技术［J］.中国水产，2019，4：85-88.

［11］孙富余，田春晖，孙文涛，等.稻蟹综合种养模式化肥农药生态减施技术应用［J］.农业经济，2019，1：9-11.

［12］周爱国，周元盛，廖玲香.高海拔山区的稻鱼传统范式与创新升级［J］.中国水产，2012，4：75-77.

［13］周爱国，周元盛，廖玲香.高海拔山区禾花鱼养殖的主要敌害与生态防治技术［J］.科学养鱼，2011，12：53-54.

［14］何继学.稻田生态养殖黄鳝、泥鳅技术［J］.科学种养，2010，8：51-52.

［15］王庆，彭文广.稻田菜蛙综合种养模式技术［J］.中国水产，2019，9：72-74.

［16］漆华，夏远建.江津区稻田养蛙种养模式发展思考［J］.南方农业，2014，19：69-70.

［17］施盛，于成.稻田高效养龟六措施［J］.渔业致富指南，2006，13：30.

［18］王庆萍，王伟萍，方春林，等.稻鳖综合种养的关键技术及市场预测［J］.渔业致富指南，2018，5：47-49.

［19］张静，蒋业林，王士梅，等.稻鳖共生系统种养技术研究与效益分析［J］.安徽农学通报，2016，21：77-79.

中国稻田养鱼历史悠久，最早可追溯到两千多年前的汉朝。稻渔综合种养是在传统的稻田养鱼模式基础上逐步发展起来的生态循环农业模式，符合生态环境约束政策对渔业发展的严苛要求，是农业绿色发展的有效途径。近年来，湖南省高度重视稻渔综合种养，将其作为农业结构调整、产业扶贫、治理农业面源污染的重要抓手，对于实现农业可持续发展具有重要意义。

为普及推广实用技术，我们组织编写了《稻渔综合种养技术》，重点介绍了稻＋虾蟹、稻＋鲤鲫、稻＋鳝鳅、稻＋青蛙、稻＋龟鳖等当前技术较为成熟的种养模式，对品种的特性、田间工程改造、营养需求与饵料投喂、日常管理等关键技术环节进行了系统阐述，通俗易懂、实用性强，可作为技术培训资料或供从业人员在生产中参考使用。

本书在编写过程中参阅和引用了国内外许多学者、专家的研究成果与文献，在此一并表示感谢！

由于编者水平有限，书中错误或不妥之处，敬请批评指正。

编　者

图书在版编目（ＣＩＰ）数据

稻渔综合种养技术 / 王冬武主编. -- 长沙 ： 湖南科学技术出版社，2020.3
（2020.8 重印）
（湖南种植结构调整暨产业扶贫实用技术丛书）
ISBN 978-7-5710-0422-4

Ⅰ．①稻… Ⅱ．①王… Ⅲ．①水稻栽培②稻田养鱼Ⅳ． ①S511②S964.2

中国版本图书馆 CIP 数据核字(2019)第 276121 号

湖南种植结构调整暨产业扶贫实用技术丛书
稻渔综合种养技术

主　　编：王冬武
责任编辑：欧阳建文
出版发行：湖南科学技术出版社
社　　址：长沙市湘雅路 276 号
　　　　　http://www.hnstp.com
印　　刷：湖南凌宇纸品有限公司
　　　　　（印装质量问题请直接与本厂联系）
厂　　址：长沙市长沙县黄花镇黄花工业园
邮　　编：410137
版　　次：2020 年 3 月第 1 版
印　　次：2020 年 8 月第 2 次印刷
开　　本：710mm×1000mm　1/16
印　　张：11.5
字　　数：150 千字
书　　号：ISBN 978-7-5710-0422-4
定　　价：40.00 元
　　（版权所有 · 翻印必究）